海洋生物馆藏标本图鉴
——软体动物双壳贝类（二）

王一农　蔡林婷　主编

科学出版社
北京

内 容 简 介

宁波大学海洋生物陈列馆现有馆藏软体动物双壳类标本约 1000 种、5000 件,本书收录了其中的 480 余种。本书第一篇为总论,介绍双壳类的主要特征、生活习性和经济价值,论述了双壳类的分类系统,并列出了到科级分类阶元的分类检索表;第二至六篇分别介绍古多齿亚纲、翼形亚纲、古异齿亚纲、异齿亚纲和异韧带亚纲的部分种,按科列出了每种标本的中文名、异名、产地和规格等信息,并附有清晰的彩色照片;为方便读者查找,本书列出了中文名索引和拉丁名索引。

本书可供贝类学、水产养殖学、海洋生态学、海洋生物资源等领域的科研、教学人员及贝壳收藏者参考。

图书在版编目（CIP）数据

海洋生物馆藏标本图鉴:软体动物双壳贝类.二/
王一农,蔡林婷主编.—— 北京:科学出版社,2025.1.
ISBN 978-7-03-079660-8

Ⅰ.Q959.21-64

中国国家版本馆 CIP 数据核字第 2024N20N91 号

责任编辑:朱　灵/责任校对:谭宏宇
责任印制:黄晓鸣/封面设计:殷　靓

科 学 出 版 社 出版

北京东黄城根北街 16 号
邮政编码:100717
http://www.sciencep.com

上海锦佳印刷有限公司印刷
科学出版社发行　各地新华书店经销

*

2025 年 1 月第 一 版　开本:787×1092　1/16
2025 年 1 月第一次印刷　印张:15 3/4
字数:360 000

定价:200.00 元

（如有印装质量问题,我社负责调换）

宁波大学海洋生物陈列馆 "海洋生物馆藏标本图鉴"
编委会

《海洋生物馆藏标本图鉴——软体动物双壳贝类（二）》
编委会

前　言

　　海洋生物标本是水产、生物、海洋资源与环境等专业教学、科研不可或缺的重要组成部分。宁波大学海洋学院（原浙江水产学院宁波分院，于1996年与原宁波大学合并）一直承担着海洋生物标本的采集、制作、种类鉴定、收藏、陈列等一系列工作，并建有宁波大学海洋生物陈列馆。

　　宁波大学海洋生物陈列馆现有馆藏软体动物双壳类标本约1000种、5000件，此次出版的《海洋生物馆藏标本图鉴——软体动物双壳贝类（二）》收录了其中的480余种。本书第一篇为总论，介绍双壳类的主要特征、生活习性和经济价值，论述了双壳类的分类系统，列出了到科级分类阶元的分类检索表；第二至六篇分别介绍古多齿亚纲、翼形亚纲、古异齿亚纲、异齿亚纲和异韧带亚纲的部分种，按科论述了科的主要特征、主要生态习性及已经报道的种类数，列出了每个标本的中文名、中文异名、同物异名、产地和规格等信息，并附有清晰的照片；附录部分为索引，列出了本书所载的种的中文名、拉丁名，以方便读者查找。

　　本书由宁波大学尤仲杰、王一农负责标本的种类鉴定；蔡林婷、周晓东、林海音、李祥付、刘迅、王莉、陈晨负责标本及文字校对；段雪梅、赵寒冰、孙瑞辰、陈冠翰、顾晓英、张佳琪、冉佳慧、刘颖负责标本的整理；徐镇、林忠洲、徐坪、张翔玉、何京、徐彤负责标本的拍摄；张翔玉、徐坪、孙樱函、刘懂、刘好真、徐鹏、陈启鹏负责照片的处理；全书由王一农、蔡林婷负责校对、统稿。

　　宁波大学海洋生物陈列馆的馆藏标本大多数是多年来由海洋学院教师、历届学生采集、制作的，有些标本是校友、友人赠送的，在此表示深深的谢意！本书编写过程中，获得宁波大学水产养殖学国家一流专业建设经费资助。

　　限于编者水平，书中如有错误、不妥之处，恳请读者批评指正。

宁波大学

2024 年 9 月 1 日

目　录

第一篇

总　论

一 | 双壳类概述

双壳类（Bivalvia Linnaeus，1758）是软体动物门的一个主要类群，因具有 2 枚贝壳而得名。头部退化，又称无头类（Acephala Cuvier，1798）；鳃呈瓣状，也称瓣鳃类（Lamellibrachia de Blainville，1824）；足部发达呈斧状，又称斧足类（Pelecypoda Goldfuss，1820）。

双壳类营水生生活，分布广泛，大部分海产，从潮间带到深海都有分布。世界上双壳贝类已记述 9620 种（Huber M，2015），中国海产双壳类有效种为 916 种（徐凤山，2008）。

双壳类是重要的经济类群，可供食用、药用。许多种类已开始了养殖与增殖，有些种类的贝壳色彩艳丽，具有收藏价值。

二 | 主要特征

贝壳形态特征是双壳类种类鉴定的主要依据，形态描述一般包括以下几点：贝壳的质地与壳的形状；壳顶的位置；有无小月面、楯面，及小月面、楯面的形状；生长纹、放射肋的数目、粗细及形状；壳表颜色，有无壳皮、毛、棘刺等附属物；壳内面包括铰合齿、肌痕、颜色等。

双壳类的贝壳有 2 枚，有些种类除了正常的 2 枚壳外，还有附属壳，称为副壳，如海笋科的种类。2 枚贝壳，即左右两壳。如果两壳的大小、形状相同，称为左右相称（等）；左右两壳大小、形状不同，则称左右不相称（等）。

贝壳的背面有一个特别突出的小区，称壳顶，是贝壳最初形成的部分（即胚壳）。多数种类壳顶略向前方倾斜，也有一些种类壳顶位于中央。壳顶位于贝壳中央，即贝壳的前、后两侧等长，称两侧相等，反之，两侧不相等，即表示贝壳的前、后两侧不等长。

壳顶前方常有一小凹陷，一般为椭圆形或心脏形，称为小月面。壳顶后方与小月面相对的一面称楯面。在扇贝科、珍珠贝科等种类中，壳顶的前、后方具突出的部分，前端称为前耳，后端称为后耳。有的种类前、后耳等长，有的前耳大于后耳，有的后耳大于前耳。

贝壳表面有以壳顶为中心、呈环形的生长线；以壳顶为起点，向腹缘发出放射状排列的肋纹称为"放射肋"。生长线和放射肋的形状变化很多，有的互相交织形成格状的刻纹，或呈鳞片状和棘状的突起，有的只有生长线而无放射肋，有的生长线不明显而放射肋很发达，有的生长线和放射肋都不明显，壳表光滑。此外，在贝壳的表面还有各种色彩和花纹。

在壳顶内下方，两壳相互衔接的部分，称为铰合部。铰合部一般具铰合齿，在原始种类，铰合齿数目很多，形状相同，为同形齿，排成 1 或 2 列。演化的种类铰合齿数目少，为异形齿，可分为主齿和侧齿两种类型，主齿位于壳顶部的下方，侧齿位于主齿的前、后两侧，前侧者称为前侧齿，后侧者称为后侧齿。有些种类铰合部无齿。海笋科及船蛆科的种类在贝壳内面、壳顶的下方有 1 个棒状物，称为壳内柱。

在壳顶后方、铰合部背面，有呈黑色、具弹性的几丁质韧带。韧带连接 2 枚贝壳并具有弹开贝壳的作用，分为外韧带和内韧带。外韧带多位于壳顶后方、两壳的背缘，内韧带多位于壳顶内下方、铰合部中央的韧带槽中。这 2 种韧带，在同一种类中可以同时存在，但大多数种类只具有 1 种韧带。

贝壳内面凹陷而光滑，通常具有清楚的外套膜环走肌、水管肌、闭壳肌及足肌等留下来的痕迹。外套膜环走肌的痕迹称为外套痕或外套线，随种类不同，有的紧靠贝壳边缘，有的远离贝壳边缘。水管肌的痕迹称为外套窦或外套弯，是外套痕末端向内弯入的部分，水管发达的种类外套窦很深，水管不发达的种类外套窦较浅，没有水管的种类则没有外套窦。水管不能缩入壳内的种类，如宽壳全海笋，虽然有水管，但无外套窦。闭壳肌的痕迹称为闭壳肌痕。闭壳肌痕有 1 个或前、后 2 个。有 2 个闭壳肌痕的种类，又有前、后肌痕相等和不相等之分。前足肌痕多在前闭壳肌痕的附近，后足肌痕多在后闭壳肌痕的背侧。从贝壳内面的这些痕迹，能大致了解生活个体的外套膜、水管、闭壳肌和足肌的情况，结合贝壳的质地和形状，大致可以判断贝类的生活类型。

双壳类的内部构造，可参考《贝类学纲要》（张玺，1961）、《贝类学概论》（蔡英亚等，1979）等著作的相关章节，在此不再赘述。

三 | 贝壳方位的辨别与测量标准

1. 贝壳方位的辨别

先确定前后方位，再辨别左右和背腹。双壳类贝壳前后方位辨别，可依据以下几点：

（1）壳顶尖端所指的方向通常为前方。

（2）由壳顶至贝壳两侧距离短的一端通常为前端。

（3）有外韧带的种类，外韧带所在位置为后端。

（4）有外套窦的种类，外套窦所在位置为后端。

（5）具有一个闭壳肌的种类，或前后闭壳肌不等大的种类，闭壳肌痕，或较大闭壳肌痕所在的位置为后方。

贝壳的前、后端确定后，手执贝壳，使壳顶向上，壳前端向前，壳后端朝向观察者，则左边的贝壳为左壳，右边的贝壳为右壳，壳顶所在面为背面，相对面为腹面。

砗磲科的贝壳方位，按照砗磲类生活状态来确定，定位时把壳顶朝下，铰合部与手持者相对，这样，铰合部的末端为前端，相反的一方是后端；贝壳的游离端朝上为背面，壳顶和足丝孔朝下为腹面，在手持者左侧为左壳，右侧为右壳。

2. 贝壳的测量标准

由壳顶至腹缘的距离为壳高，由前端至后端的距离为壳长，左右两壳面间最大的距离为壳宽。

贻贝科的种类，贝壳较尖的一端为壳顶，它的口接近这个部位，故又把壳顶称为前端，相对的一端称为后端，前端至后端最大的距离为壳长。靠近鳃的一面称腹面，相对的一面称背面，背、腹最大的距离为壳高。左、右两壳间最大的距离为壳宽。

四 | 系统分类

双壳类为水生类群，生活于海洋、淡水和半咸水中，全世界约有15000种。现生双壳类分属6亚纲，分别是古多齿亚纲（Palaeotaxodonta）、隐齿亚纲（Cryptodonta）、翼形亚纲（Pteriomorphia）、古异齿亚纲（Palaeoheterodonta）、异齿亚纲（Heterodonta）、异韧带亚纲（Anomalodesmata）。6亚纲分类检索如下。

1（4）原鳃型

2（3）铰合齿多，外韧带 ————————————————— 古多齿亚纲 Palaeotaxodonta

3（2）铰合齿少，壳内瓷质 ————————————————— 隐齿亚纲 Cryptodonta

4（1）非原鳃型

5（6）丝鳃型，壳顶两侧常具翼状的前、后耳，无水管 ———— 翼形亚纲 Pteriomorphia

6（5）真瓣鳃型或隔鳃型

7（10）铰合部无石灰质小片

8（9）铰合齿分裂（拟主齿）。淡水产，无水管—————— 古异齿亚纲 Palaeoheterodonta

9（8）铰合齿少，或者不存在。海产，有水管 ————————— 异齿亚纲 Heterodonta

10（7）铰合部常具有石灰质小片。韧带在匙状槽中———— 异韧带亚纲 Anomalodesmata

（一）古多齿亚纲（Palaeotaxodonta Korobkov，1950）

又称古列齿亚纲、原鳃亚纲。

两壳相称（等），能完全闭合，具黄绿色壳皮。壳内面多具珍珠光泽。铰合齿多，分成前后2列，沿前后背缘排列。闭壳肌2个，相等。通常具内、外韧带，鳃羽状，原鳃型，足具蹠面，成体无足丝。

古多齿亚纲国内1目，胡桃蛤目（Nuculoida Dall，1889）。

胡桃蛤目（Nuculoida Dall，1889）

又称湾锦蛤目。

壳小型，两壳略相称（等），腹缘能紧闭；铰合齿多，外韧带，通常为双向性，多有内韧带和着带板；原鳃型本鳃，前后闭壳肌等大。海产，营底内自由生活。

胡桃蛤目分2总科，胡桃蛤总科（Nuculacea Gray，1824）、吻状蛤总科（Nuculanacea H. et A. Adams，1858），分类检索如下。

1（2）壳内具珍珠层 ——————————————————————— 胡桃蛤总科 Nuculacea

2（1）壳内无珍珠层 ——————————————————————吻状蛤总科 Nuculanacea

（1）胡桃蛤总科（Nuculacea Gray，1824）

壳小型，壳圆形、长圆形，后部通常为截形；铰合部略呈弓形，外套痕完整，无外套窦。海产，生活于深水区。

胡桃蛤总科国内 1 科，胡桃蛤科（Nuculidae Gray，1824）。

（2）吻状蛤总科（Nuculanacea H. et A. Adams，1858）

两壳相称（等），前后不等；壳表面平滑，壳内面为瓷质，无珍珠光泽，有外套窦，具内韧带和（或）外韧带，铰合齿多，有些种退化。

吻状蛤总科国内 3 科，吻状蛤科（Nuculanidae H. et A. Adams，1858）、廷达蛤科（Tindariidae Sanders et Allen，1977）、马雷蛤科（Malletiidae H. et A. Adams，1858），分类检索如下。

1（2）铰合部有着带板 ——————————————————— 吻状蛤科 Nuculanidae
2（1）铰合部无着带板
3（4）壳厚重，圆形 ——————————————————— 廷达蛤科 Tindariidae
4（3）壳较薄，长圆形 ——————————————————— 马雷蛤科 Malletiidae

（二）隐齿亚纲（Cryptodonta Neumayr，1884）

壳质脆薄，两壳相等，前后不等；外韧带，铰合部无齿，或有多枚齿。

隐齿亚纲国内 1 目，蛏螂目（Solemyoida Dall，1889）。

蛏螂目（Solemyoida Dall，1889）

壳圆形、长圆形，两壳相称（等），前后不等，前侧长；壳表面通常平滑，被绿色、褐色壳皮；壳顶小而低，无铰合齿；壳内瓷质。海产，营底内掘孔生活。

蛏螂目仅 1 总科，蛏螂总科（Solemyacea H. et A. Adams，1840）。

蛏螂总科（Solemyacea H. et A. Adams，1840）

壳长方形、卵圆形，两壳相称（等），前后不等；壳皮厚，超出壳的边缘，铰合部无齿，具内韧带或外韧带。

蛏螂总科仅 1 科，蛏螂科（Solemyidae H et A. Adams，1857）。

（三）翼形亚纲（Pteriomorphia Beurlen，1949）

壳卵形、长方形或圆形；壳顶两侧常具翼状的前、后耳；铰合齿多或退化，前闭壳肌较小或完全消失；多数种类具足丝，无水管；多以足丝附着生活。翼形亚纲约有 1500 种，其中许多是重要的经济种类。

翼形亚纲分 3 目，蚶目（Arcoida Stoliczka，1871）、贻贝目（Mytiloida Ferussac，1822）、珍珠贝目（Pterioida Newell，1965），分类检索如下。

1（2）铰合齿多，排成 1 列或前后 2 列 ——————————— 蚶目 Arcoida
2（1）铰合齿少，退化或没有
3（4）二壳相等，壳顶位于前方 ——————————— 贻贝目 Mytiloida

4（3）二壳不等，壳顶位于中间 —————————————————— 珍珠贝目 Pterioida

1. 蚶目（Arcoida Stoliczka，1871）

两壳相称（等），或近相称（等），铰合齿数目多，排成1列或2列。表面常有带毛壳皮。前、后闭壳肌均发达，足部具深沟，常具足丝。外套痕简单。

蚶目分2总科，蚶总科（Arcacea Lamarck，1809）、拟锉蛤总科（Limopsacea Dall，1895），分类检索如下。

1（2）韧带面平，铰合齿平直 ————————————————— 蚶总科 Arcacea

2（1）三角形内韧带，铰合齿弧形 ————————————— 拟锉蛤总科 Limopsacea

（1）蚶总科（Arcacea Lamarck，1809）

壳形多横长，膨胀。壳顶间有韧带面，壳表常具多毛的壳皮。铰合齿数目多，前后闭壳肌近相等。生活于海洋浅水水域，少数种类生活在半咸水或淡水水域。

蚶总科分4科，蚶科（Arcidae Lamarck，1809）、细饰蚶科（Noetiidae Stewart，1930）、横齿蚶科（Paralletodontidae Dall，1898）、帽蚶科（Cucullaeidae Stewart，1930），分类检索如下。

1（6）壳内无隔板

2（5）铰合部直，铰合齿直立

3（4）放射肋粗，韧带面宽 —————————————————— 蚶科 Arcidae

4（3）放射肋细密，韧带面长菱形 —————————————— 细饰蚶科 Noetiidae

5（2）后部铰合齿平行于铰合部 ———————————— 横齿蚶科 Paralletodontidae

6（1）壳内有隔板 ————————————————————帽蚶科 Cucullaeidae

（2）拟锉蛤总科（Limopsacea Dall，1895）

壳圆形或斜卵圆形，两壳侧扁，相等。壳内无珍珠层。海洋浅水或深水底内生活。

拟锉蛤总科分2科，拟锉蛤科（Limopsidae Dall，1895）、蚶蜊科（Glycymerididae Newton，1922），分类检索如下。

1（2）外韧带下沉，三角形内韧带 ————————————— 拟锉蛤科 Limopsidae

2（1）复式外韧带，位于前、后齿外区 ————————— 蚶蜊科 Glycymerididae

2. 贻贝目（Mytiloida Ferussac，1822）

两壳相称（等），前后不等。外韧带位于壳顶后方，铰合齿一般退化成小结节，前闭壳肌较小或消失，鳃丝间由纤毛盘联系或由结缔组织联系。营附着生活。

贻贝目分2总科，贻贝总科（Mytilacea Rafinesque，1815）、江珧总科（Pinnacea Leach，1819），分类检索如下。

1（2）壳后端紧闭 ————————————————————— 贻贝总科 Mytilacea

2（1）壳后端开口 ————————————————————— 江珧总科 Pinnacea

（1）贻贝总科（Mytilacea Rafinesque，1815）

壳楔形，也有呈长方形、柱状或椭圆形等。多数种类壳质较厚，也有较薄的种类。铰合部无齿，或具粒状小齿；一般肌痕明显。外套膜薄，多数种水管不发达，只有一个明显的出水孔。前、后闭壳肌不等，前闭壳肌小，后闭壳肌大而圆。足小，杆状；足丝细软，丝状，较发达。

种类较多，除少数淡水种外，大多数分布在世界各大洋。

贻贝总科仅1科，贻贝科（Mytilidae Rafinesque，1815）。

（2）江珧总科（Pinnacea Leach，1819）

贝壳较大，壳呈扇形或三角形。壳前端尖细，后端宽大。壳表多呈黄褐、黑褐或土黄色等；具细放射肋，肋上有各种小棘。壳内面色浅，具珍珠光泽，肌痕明显。铰合部无齿，韧带长，几乎与背缘等长。足丝孔不明显。足小，较粗短，足丝发状，极发达。

江珧总科全部海产，仅1科，江珧科（Pinnidae Leach，1819）。

3. 珍珠贝目（Pterioida Newell，1965）

又称异柱目、翼蛤目。

铰合齿大多数退化成小结节或完全没有。鳃丝屈折，鳃丝间有纤毛盘相连结，鳃瓣间以结缔组织相连结。前后闭壳肌不等大，或前闭壳肌完全消失。足不发达或退化。

珍珠贝目分2亚目，珍珠贝亚目（Pteriina Newell，1965）、牡蛎亚目（Ostreina Rafinesque，1815）。珍珠贝亚目包括4个总科，珍珠贝总科（Pteriacea Gray，1847）、扇贝总科（Pectinacea Rafinesque，1815）、不等蛤总科（Anomiacea Rafinesque，1815）、锉蛤总科（Limacea Rafinesque，1815）。牡蛎亚目仅1总科，牡蛎总科（Ostreacea Rafinesque，1815），分类检索如下。

1（8）有足丝，附着生活（珍珠贝亚目）

2（3）壳扁平，云母质，具有支持中央韧带的脊状突起 ------不等蛤总科 Anomiacea

3（2）壳较凸，石灰质，无脊状凸起

4（5）外韧带，无内韧带 ------------------------- 珍珠贝总科 Pteriacea

5（4）具内韧带

6（7）壳圆形，放射肋细，生长棘小 --------------------锉蛤总科 Limacea

7（6）壳扇形，放射肋及生长棘粗大 ------------------ 扇贝总科 Pectinacea

8（1）无足丝，固着生活（牡蛎亚目）------------------- 牡蛎总科 Ostreacea

（1）珍珠贝总科（Pteriacea Gray，1847）

两壳常不相称（等），壳背缘直，壳顶两侧有时具长耳。一般无铰合齿。足长，呈舌状；足丝腺发达。后闭壳肌接近中央，有时有小的前闭壳肌，无水管。肾孔与生殖孔接近。鳃与外套膜愈合。

珍珠贝总科分3科，珍珠贝科（Pteriidae Gray，1847）、钳蛤科（Isognomonidae Woodring，1925）、丁蛎科（Malleidae Lamarck，1819），分类检索如下。

1（2）壳形较规则，斜，无韧带沟 ------------------------珍珠贝科 Pteriidae

2（1）壳形多不规则，不斜，具韧带沟

3（4）铰合部具多个韧带沟 ------------------------ 钳蛤科 Isognomonidae

4（3）韧带沟只有1个 —————————————————————— 丁蛎科 Malleidae

（2）扇贝总科（Pectinacea Rafinesque，1815）

两壳相称（等）或不相称（等），具有壳耳。一般无铰合齿。外套膜边缘具眼（外套眼）和触手。通常以足丝附着或用贝壳固着生活。

扇贝总科分4科，拟日月贝科（Propeamussiidae Abbott，1954）、海菊蛤科（Spondylidae Gray，1826）、扇贝科（Pectinidae Rafinesque，1815）、襞蛤科（Plicatulidae Watson，1903），分类检索如下。

1（2）壳薄，透明或半透明，仅见于深水水域 ———————— 拟日月贝科 Propeamussiidae

2（1）壳厚，不透明，见于浅水水域

3（4）壳大，厚重，放射肋和棘发达 ————————————————— 海菊蛤科 Spondylidae

4（3）壳较薄，或小而厚，放射肋和棘不发达

5（6）壳大，较规则，有明显的壳耳 ——————————————————— 扇贝科 Pectinidae

6（5）壳小，壳形不规则，无壳耳 —————————————————————— 襞蛤科 Plicatulidae

（3）不等蛤总科（Anomiacea Rafinesque，1815）

贝壳通常圆形，两壳不相称（等），一般左壳凸出，右壳较平。壳质薄而脆，云母质，半透明。壳表生长线细密，后闭壳肌发达，位于贝壳中央。

不等蛤总科分3科，其中国内2科，不等蛤科（Anomiidae Rafinesque，1815）、海月蛤科（Placunidae Gray，1842），分类检索如下。

1（2）右壳有明显的足丝孔，附着生活 ———————————————— 不等蛤科 Anomiidae

2（1）成体无足丝孔，自由生活 ———————————————————— 海月蛤科 Placunidae

（4）锉蛤总科（Limacea Rafinesque，1815）

贝壳卵圆形或近三角形，韧带面三角形，铰合部通常无齿。以足丝附着在岩石或其他物体上生活，也能在海水中游泳或用足在海底自由活动。

锉蛤总科仅1科，锉蛤科（Limidae Rafinesque，1815）。

（5）牡蛎总科（Ostreacea Rafinesque，1815）

两壳不相称（等），左壳较大，并用来固着在岩石或外物上。铰合齿和前闭壳肌退化。无足和足丝。

牡蛎总科分2科，牡蛎科（Ostreidae Rafinesque，1815）、缘曲牡蛎科（Gryphaeidae Vyalov，1936），分类检索如下。

1（2）后闭壳肌痕肾形或新月形，位于壳中部或近腹缘 —————————牡蛎科 Ostreidae

2（1）后闭壳肌痕圆形，位置近铰合部而远于腹缘 ————————缘曲牡蛎科 Gryphaeidae

（四）古异齿亚纲（Palaeoheterodonta Newell，1965）

两壳相称（等），铰合齿分裂，或分成位于壳顶的拟主齿和长侧齿，前后闭壳肌近相等。

古异齿亚纲国内 2 目，三角蛤目（Trigonioida Lamarck，1819）、蚌目（Unionoidea Rafinesque，1820），分类检索如下。

1（2）淡水产，壳皮绿色 —————————————————— 蚌目 Unionoidea

2（1）海产，壳三角形，壳皮薄 ———————————— 三角蛤目 Trigonioida

1. 蚌目（Unionoidea Rafinesque，1820）

铰合齿分裂，或者分成位于壳顶下方的拟主齿和向后方延伸的长侧齿，或者退化。一般具有前、后闭壳肌各 1 个，两者大小接近。鳃构造复杂，鳃丝间和鳃瓣间以血管相连。淡水产。

蚌目主要分 2 科，蚌科（Unionidae Rafinesque，1820）、珍珠蚌科（Margaritiferidae Haas，1940），分类检索如下。

1（2）有鳃水管，鳃与肛门以隔膜完全分开 ——————————蚌科 Unionidae

2（1）无鳃水管，鳃与肛门开口无明显界线 ————— 珍珠蚌科 Margaritiferidae

2. 三角蛤目 Trigonioida Lamarck，1819

热带海产，地质早期种类多，广泛分布，现仅留少数种，分布于大洋洲南部。被认为与淡水蚌目共同起源。

三角蛤目仅 1 科，三角蛤科（Trigoniidae Lamarck，1819）。

（五）异齿亚纲（Heterodonta Neumayr，1884）

壳形多样，有小月面和楯面，铰合部发达，有主齿、侧齿，外韧带或内韧带。种类多，主要海产。

异齿亚纲分 2 目，帘蛤目（Veneroida H. et A. Adams，1856）、海螂目（Myoida Stoliczka，1870），分类检索如下。

1（2）铰合齿分化为主齿、侧齿，主要为外韧带 ————————— 帘蛤目 Veneroida

2（1）铰合齿无齿，或两壳各具 1 枚主齿，内韧带 —————————海螂目 Myoida

1. 帘蛤目（Veneroida H. et A. Adams，1856）

壳形多样，一般两壳相称（等）；铰合部通常很发达，式样变化很多；主齿强壮，常伴有侧齿发育；韧带多数位于外侧，少数种类有内韧带；闭壳肌为等柱型，前、后闭壳肌痕近相等，水管发达。帘蛤目为双壳类中最大、最多样化的一个类群，已知有 2500 种以上。

帘蛤目分 16 个总科，满月蛤总科（Lucinacea Fleming，1828）、猿头蛤总科（Chamacea Lamarck，1809）、薄壳蛤总科（Leptonacea Gray，1847）、心蛤总科（Carditacea Fleming，1820）、厚壳蛤总科（Crassatellacea Ferussac，1822）、鸟蛤总科（Cardiacea Lamarck，1809）、砗磲总科（Tridacnacea Lamarck，1819）、蛤蜊总科（Mactracea Lamarck，1809）、樱蛤总科（Tellinacea Blainville，1814）、竹蛏总科（Solenacea Lamarck，1809）、饰贝总科（Drisswnacea Gray in Turton，1840）、熊蛤总科（Arcticacea Newton，1891）、同心蛤总科（Glossacea Gray，1847）、蚬总科（Corbiculacea Gray，1847）、帘蛤总科（Veneracea Rafinesque，1815）、绿螂总科（Glauconomiacea Gray，1853），分类检索如下。

1（6）壳顶特殊

2（3）固着生活，二壳不相称（等），壳顶螺旋----------- 猿头蛤总科 Chamacea

3（2）二壳相称（等），壳顶不螺旋

4（5）壳顶内卷，二壳膨胀 ----------------- 同心蛤总科 Glossacea

5（4）壳顶内有隔板，具壳顶腔 ----------------- 饰贝总科 Drisswnacea

6（1）壳顶正常

7（12）具内外韧带，内韧带位于 2 枚主齿间

8（11）壳脆薄

9（10）壳中、大型，主齿倒"V"形 -----------------蛤蜊总科 Mactracea

10（9）壳小型，主齿结节状----------------- 薄壳蛤总科 Leptonacea

11（8）壳厚实，无外套窦 ----------------- 厚壳蛤总科 Crassatellacea

12（7）不具内韧带

13（18）具足丝

14（15）贝壳极大，二壳不能完全闭合，主齿 2 枚 -----------砗磲总科 Tridacnacea

15（14）贝壳小型，二壳能完全闭合，主齿 2～3 枚

16（17）后主齿延长 ----------------- 心蛤总科 Carditacea

17（16）主齿小 ----------------- 熊蛤总科 Arcticacea

18（13）无足丝

19（20）铰合部具分裂的主齿，淡水产 ----------------- 蚬总科 Corbiculacea

20（19）铰合部多变，铰合齿少或结节状，海产

21（24）贝壳开口

22（23）壳圆形，两端圆 ----------------- 樱蛤总科 Tellinacea

23（22）壳长方形，两端截平 ----------------- 竹蛏总科 Solenacea

24（21）贝壳不开口

25（30）壳厚实，足发达

26（27）铰合部主齿 3 枚 ----------------- 帘蛤总科 Veneracea

27（26）铰合部主齿 1～2 枚

28（29）壳顶到后腹缘有明显的放射脊 ----------------- 满月蛤总科 Lucinacea

29（28）壳表面放射肋发达，无放射脊 ----------------- 鸟蛤总科 Cardiacea

30（25）壳薄，足小呈舌状 ----------------- 绿螂总科 Glauconomiacea

（1）满月蛤总科（Lucinacea Fleming，1828）

两壳相称（等），壳顶到后腹缘有明显的放射脊，形成前后斜面。壳表通常平，有时有同心或非同心刻纹。海产。

满月蛤总科分 4 科，满月蛤科（Lucinidae Fleming，1828）、镶边蛤科（Fimbriidae Nicol，1950）、索足蛤科（Thyasiridae Dall，1901）、蹄蛤科（Ungulinidae H.et A.Adams，1857），分类检索如下。

1（4）壳厚实、坚硬

2（3）壳圆形、卵圆形或近四方形 ———————————————— 满月蛤科 Lucinidae

3（2）壳呈横向菱形 ——————————————————— 镶边蛤科 Fimbriidae

4（1）壳薄、脆

5（6）铰合部无齿，或不发达 ——————————————— 索足蛤科 Thyasiridae

6（5）铰合部 2 枚主齿，其中 1 枚分叉 ——————————— 蹄蛤科 Ungulinidae

（2）猿头蛤总科（Chamacea Lamarck，1809）

壳坚硬，壳顶螺旋，铰合部至少有 1 枚大型主齿。营固着生活。

猿头蛤总科 1 科，猿头蛤科（Chamidae Lamarck，1809）。

（3）薄壳蛤总科 Leptonacea Gray，1847

壳薄，小型。寄生或与其他动物共生。

薄壳蛤总科主要有凯利蛤科（Kellidae Forbes et Hanley，1848）、孟达蛤科（Montacutidae Turton，1822），分类检索如下。

1（2）铰合部有主齿（左壳 2 枚，右壳 1 枚）—————————— 凯利蛤科 Kellidae

2（1）铰合部无主齿，通常有近对称的侧齿 —————————— 孟达蛤科 Montacutidae

（4）心蛤总科（Carditacea Fleming，1820）

壳质厚，壳圆形至近四边形，壳顶前倾，铰合部后主齿延长。外套痕完整，无外套窦。海产，浅水水域生活，多以足丝附着生活。

心蛤总科 1 科，心蛤科（Carditidae Fleming，1820）。

（5）厚壳蛤总科（Crassatellacea Férussac，1822）

壳质坚厚，壳圆形至近三角形，有时后部延长。壳表面同心刻纹明显。外套痕完整，无外套窦。生活于海洋浅水区。

厚壳蛤总科 1 科，厚壳蛤科（Crassatellidae Férussac，1822）。

（6）鸟蛤总科（Cardiacea Lamarck，1809）

两壳相称（等），较膨胀，壳顶突出，内弯，两壳顶几乎相接触，壳表面具放射肋，在壳的后部更粗壮。两壳各有 2 枚锥形主齿，外套痕简单，无外套窦，壳内面腹缘锯齿状。生活于浅海、半咸水域，种类多。

鸟蛤总科 1 科，鸟蛤科（Cardiidae Lamarck，1809）。

（7）砗磲总科（Tridacnacea Lamarck，1819）

壳厚重，特大型，有足丝孔。外套痕完整，无外套窦。生活在珊瑚礁中。

砗磲总科 1 科，砗磲科（Tridacnidae Lamarck，1819）。

（8）蛤蜊总科（Mactracea Lamarck，1809）

两壳相称（等），壳表面平，或具同心刻纹，通常具壳皮。外套痕发达，常具外套窦。外韧带退化，较小，内韧带三角形，位于两壳的着带板上。

蛤蜊总科分 3 科，蛤蜊科（Mactridae Lamarck，1809）、中带蛤科（Mesodesmatidae Gray，1840）、拟心蛤科（Cardiliidae Fischer，1887），分类检索如下。

1（4）壳圆三角形，壳长大于壳高

2（3）壳薄，内韧带发达，着带板凹斜、突出于铰合部 ————————— 蛤蜊科 Mactridae

3（2）壳厚，内韧带狭窄，位于 2 枚主齿间 ————————— 中带蛤科 Mesodesmatidae

4（1）壳心脏形，极膨胀，壳高大于壳长 ————————— 拟心蛤科 Cardiliidae

（9）樱蛤总科（Tellinacea Blainville，1814）

两壳通常不相称（等），前、后不等，2 枚主齿，其中后主齿分叉，外套痕明显，具外套窦。海产，种类多。

樱蛤总科主要有 5 科，樱蛤科（Tellinidae Blainville，1814）、斧蛤科（Donacidae Fleming，1828）、紫云蛤科（Psammobiidae Deshayes，1839）、双带蛤科（Semelidae Stoliczka，1870）、截蛏科（Solecurtidae d'Orbigny，1846），分类检索如下。

1（4）壳顶位于后方

2（3）壳薄，两壳侧扁，后部多向右偏 ————————— 樱蛤科 Tellinidae

3（2）壳厚，两壳相称（等），两壳紧闭 ————————— 斧蛤科 Donacidae

4（1）壳顶位于中间或前方

5（6）外韧带发达，齿丘宽大 ————————— 紫云蛤科 Psammobiidae

6（5）外韧带不发达

7（8）外韧带弱，内韧带发达 ————————— 双带蛤科 Semelidae

8（7）无内韧带 ————————— 截蛏科 Solecurtidae

（10）竹蛏总科（Solenacea Lamarck，1809）

壳脆、薄，两壳侧扁或呈圆柱状，前后端开口，壳顶低平。

竹蛏总科 2 科，竹蛏科（Solenidae Lamarck，1809）、刀蛏科（Cultellidae Davuesm1935），分类检索如下。

1（2）壳两端截平，主齿 1 枚 ————————— 竹蛏科 Solenidae

2（1）壳两端弧形，右壳主齿 2 枚 ————————— 刀蛏科 Cultellidae

（11）饰贝总科（Drisswnacea Gray in Turton，1840）

壳形似贻贝，壳内无珍珠光泽。外韧带下沉，铰合部无齿。

饰贝总科 1 科，饰贝科（Dreissenidae Gray in Turton，1840）。

（12）熊蛤总科 Arcticacea Newton，1891

两壳近相称（等），前后不等，壳紧闭，铰合部两壳各有 3 枚主齿，左壳有 1 枚后侧齿，右壳 2 枚前侧齿常与主齿相接，外韧带。

熊蛤总科分 2 科，小凯利蛤科（Kelliellidae Fischer，1887）、棱蛤科（Trapeziidae Lamy，1920），分类检索如下：

1（2）壳微小，近圆形，膨胀 ————————— 小凯利蛤科 Kelliellidae

2（1）壳中型，略呈长方形 ———————————————— 棱蛤科 Trapeziidae

（13）同心蛤总科（Glossacea Gray，1847）

两壳相称（等），较膨胀，前后不等，两壳通常有主齿 2 ～ 3 枚。

同心蛤总科分 2 科，同心蛤科（Glossidae Gray，1847）、囊螂蛤科（Vesicomyidae Dall，1908），分类检索如下。

1（2）壳顶前倾，内卷，侧齿有变化 ——————————— 同心蛤科 Glossidae

2（1）壳顶突出，通常不具侧齿 ———————————— 囊螂蛤科 Vesicomyidae

（14）蚬总科（Corbiculacea Gray，1847）

壳圆形、三角卵圆形，壳表面平，具同心刻纹。两壳各有 3 枚主齿，侧齿 1 ～ 2 枚，片状。外套痕简单，或具浅的外套窦。生活于淡水或咸淡水水域中。

蚬总科 1 科，蚬科（Corbiculidae Gray，1847）。

（15）帘蛤总科（Veneracea Rafinesque，1815）

两壳相称（等），壳形有变化，壳顶位于背部中央之前，并前倾，两壳各有主齿 3 枚，侧齿有变化，外套痕明显，具外套窦。

帘蛤总科分 2 科，帘蛤科（Veneridae Rafinesque，1815）、住石蛤科（Petricolidae Deshayes，1819），分类检索如下。

1（2）具小月面和楯面 ————————————————— 帘蛤科 Veneridae

2（1）无小月面和楯面，无侧齿 ————————————住石蛤科 Petricolidae

（16）绿螂总科（Glauconomiacea Gray，1853）

两壳相称（等），壳顶低，位于背部中央之前，壳皮发达，呈绿色。外韧带。两壳各有 3 枚主齿，通常后主齿分叉，无侧齿。淡水或咸淡水水域中生活。

绿螂总科 1 科，绿螂科（Glauconomitidae Gray，1853）。

2. 海螂目（Myoida Stoliczka，1870）

壳薄；两壳相称（等）或不相称（等），前后由略不等边到极度不等边。贝壳全由霰石所构成，无珍珠壳层；小月面与楯面不发育或发育不佳；壳顶不突出。内韧带位于 1 个匙状的着带板上；闭壳肌为等柱型或异柱型；铰合部无齿，或在两壳各有 1 个类似主齿的瘤状突起（与异齿型铰合齿的主齿不同源）。营掘穴生活类群的水管很发达。

海螂目分 4 总科，海笋总科（Pholadacea Lamarck，1809）、海螂总科（Myacea Lamarck，1809）、开腹蛤总科（Gastrochaenacea Gray，1840）、缝栖蛤总科（Hiatellacea Gray，1824），分类检索如下。

1（2）有副壳，或铠片 —————————————————— 海笋总科 Pholadacea

2（1）无副壳

3（4）内韧带 ———————————————————————— 海螂总科 Myacea

4（3）外韧带

5（6）前腹缘或整个腹缘开口 ————————— 开腹蛤总科 Gastrochaenacea

6（5）壳前后端开口 ——————————————————————缝栖蛤总科 Hiatellacea

（1）**海螂总科**（Myacea Lamarck，1809）

壳顶前后无小月面、楯面，铰合部无齿或两壳各具 1 枚主齿，内韧带，附着于匙状着带板上。

海螂总科分 2 科，篮蛤科（Corbulidae Lamarck，1818）、海螂科（Myidae Lamarck，1809），分类检索如下。

1（2）二壳紧闭 ————————————————————————篮蛤科 Corbulidae

2（1）贝壳二端开口 ———————————————————— 海螂科 Myidae

（2）**缝栖蛤总科**（Hiatellacea Gray，1824）

壳方形或长方形，前后端开口，铰合部主齿 1 ～ 2 枚，无侧齿，外韧带。

缝栖蛤总科 1 科，缝栖蛤科（Hiatellidae Gray，1824）。

（3）**开腹蛤总科**（Gastrochaenacea Gray，1840）

壳薄，前腹缘或整个腹缘开口。铰合部无齿或具 1 个退化的主齿，外韧带。

开腹蛤总科 1 科，开腹蛤科（Gastrochaenidae Gray，1840）。

（4）**海笋总科**（Pholadacea Lamarck，1809）

两壳相称（等），前后开口。有副壳或铠片，以及石灰质管。多海产，少数见于半咸水域中。凿木、石而穴居。

海笋总科分 3 科，海笋科（Pholadidae Lamarck，1809）、船蛆科（Teredinidae Rafinesque，1815）、凿木蛤科（Xylophagaidae Purchon，1941），分类检索如下。

1（4）壳顶内窝有壳内柱

2（3）有铰合部 ——————————————————————海笋科 Pholadidae

3（2）壳退化，无铰合部，水管基部有铠片 ——————— 船蛆科 Teredinidae

4（1）无壳内柱 ——————————————————凿木蛤科 Xylophagaidae

（六）**异韧带亚纲**（Anomalodesmata Dall，1889）

两壳常不相称（等），壳内面一般具有珍珠光泽。铰合齿缺乏或比较弱。韧带常在壳顶内方的匙状槽中，而且常常具有石灰质小片。一般雌雄同体。

异韧带亚纲分笋螂目（Pholadomyoida）和隔鳃目（Septibranchida）。笋螂目铰合部退化或具有匙状突出的韧带槽，外鳃瓣或多或少退化；隔鳃目鳃演变成一个肌肉横隔膜。

异韧带亚纲国内 1 目，笋螂目（Pholadomyoida Newell，1965）。笋螂目分 4 总科，筒蛎总科（Clavagellacea d'Orbigny，1844）、笋螂总科（Pholadomyacea Gray，1847）、帮斗蛤总科（Pandoracea Rafinesque，1815）、孔螂总科（Poromyacea Dall，1886），分类检索如下。

1（2）成体壳退化，包被于长的石灰质管中 ————————— 筒蛎总科 Clavagellacea

2（1）壳形多变

3（4）内韧带不发达 —————————————————— 笋螂总科 Pholadomyacea

4（3）内韧带发达，有石灰质韧带片

5（6）两壳开口 —————————————————————— 帮斗蛤总科 Pandoracea

6（5）壳紧闭 —————————————————————— 孔螂总科 Poromyacea

（1）筒蛎总科（Clavagellacea d'Orbigny，1844）

幼时贝壳具珍珠层，成体贝壳退化，贝壳包被于石灰质管中。世界各大洋生活。

筒蛎总科国内 1 科，筒蛎科（Clavagellidae d'Orbigny，1844）。

（2）孔螂总科（Poromyacea Dall，1886）

壳圆形或长圆形，通常不开口。铰合部有发育不全的主齿和侧齿。

孔螂总科主要分 3 科，旋心蛤科（Verticordiidae Stoliczka，1871）、孔螂科（Poromyidae Dall，1886）、杓蛤科（Cuspidariidae Dall，1886），分类检索如下。

1（2）壳表有放射肋 —————————————————— 旋心蛤科 Verticordiidae

2（1）壳表光滑，无放射肋

3（4）壳顶中位，后部不延长 ————————————————— 孔螂科 Poromyidae

4（3）壳后部延长，壳形呈杓状 ——————————————— 杓蛤科 Cuspidariidae

（3）笋螂总科（Pholadomyacea Gray，1847）

两壳相称（等），前后不等。壳顶常被磨损。多为化石种。

笋螂总科仅 1 科，笋螂科（Pholadomyidae Gray，1847）。

（4）帮斗蛤总科（Pandoracea Rafinesque，1815）

两壳通常不相称（等），壳表常有粒状凸起，外韧带有变化，内韧带通常发达，其上有石灰质韧带片，壳内珍珠层薄。海洋生活，个别种生活在河口半咸水域中。

帮斗蛤总科分 6 科，鸭嘴蛤科（Laternulidae Hedley，1918）、短吻蛤科（Periplomatidae Dall，1895）、帮斗蛤科（Pandoridae Rafinesque，1815）、里昂司蛤科（Lyonsiidae Fischer，1887）、螂猿头蛤科（Myochamidae Bronn，1862）、色雷西蛤科（Thracidae Stolidzka，1870），分类检索如下。

1（4）壳顶有裂缝

2（3）左壳凸，大于右壳 —————————————————— 鸭嘴蛤科 Laternulidae

3（2）右壳凸，大于左壳 ——————————————————— 短吻蛤科 Periplomatidae

4（1）壳顶完整无裂缝

5（6）铰合部有齿 —————————————————————— 帮斗蛤科 Pandoridae

6（5）铰合部无齿

7（8）壳开口，壳表有放射线 ————————————————— 里昂司蛤科 Lyonsiidae

8（7）壳不开口，壳表无放射线

9（10）壳厚，两壳扁平————————————————— 螂猿头蛤科 Myochamidae

10（9）壳脆薄，两壳凸————————————————————— 色雷西蛤科 Thracidae

五 | 生活习性

双壳类的生活类型主要有以下几种：埋栖生活、固着生活、附着生活、凿穴生活及其他生活类型（如寄生、共生）。生活方式、生活环境与贝壳的形态有一定的相关性，从贝壳的一些形态特征，可以初步判别贝类的生活方式与生活的环境。

（一）埋栖生活

绝大部分的双壳类都营埋栖生活。用足部在泥沙滩上挖掘，通过足部反复伸缩、充盈，不断插入泥沙中，把整个身体拖入泥沙，埋栖在泥沙滩上。

足部用来挖掘泥沙，因此足部比较发达。因埋栖于泥沙中，与外界环境的物质、能量交流，需要依靠水管来沟通，所以水管比较发达。

因沙、泥的物理性状不同，生活在沙（砂）中与生活在软泥中的个体，其形态有一定的差异。埋栖深度不同，贝壳形态也有差异。主要观察点有：壳的厚薄、两壳紧闭与否、贝壳颜色、贝壳形状等。

（二）固着生活

固着生活类型是指终生固着在外物上，不再移动，如牡蛎科、猿头蛤科、海菊蛤科的种类。成体一般足部退化、两壳紧闭、壳加厚、内韧带、无水管，一般集聚生活。

（三）附着生活

附着生活类型是指用足丝附着在外物上，如扇贝科、贻贝科的种类。如果环境条件不适合，可以切断足丝，自由移动寻找合适的生活地，足丝一般角质（硬蛋白），也有石灰质。成体足部一般退化、两壳紧闭、外韧带或内韧带、无水管，常集聚生活。

（四）凿穴生活

凿穴生活类型是指穿凿岩石、木材等较硬的底质，穴居生活，如船蛆科、石蛏类、海笋科的一些种类。成体贝壳一般较脆薄，水管长的种类一般不能把水管缩入壳内，或无水管，足部一般退化。

（五）其他生活类型

其他生活类型包括浮游（漂浮）生活、寄生生活、共生生活等，贝类幼虫营浮游生活。文蛤、斧蛤等种类有迁移习性。

六 经济价值

贝壳美丽，肉质鲜嫩，营养丰富，又较易捕获，因此早在渔猎时代，就已经成为人类利用的对象。

双壳贝类含有丰富的蛋白质、无机盐和各种维生素等，绝大多数的双壳贝类都可供食用，如海产的蚶类（Ark Shells）、牡蛎类（Oysters）、贻贝类（Mussels）、扇贝类（Scallops）、各种蛤类（Clams）等。食用价值较高的双壳贝类已开始大量商品化养殖，我们可以在各地的农贸市场购买。食用贝类一般以鲜食为主，贝类个体死亡后会快速腐败，不宜食用。清蒸、煲汤最为简单、方便。除鲜食外，还可以干制、腌制，也可罐藏，干制品有淡菜（贻贝干、贡干）、干贝（扇贝闭壳肌干制品）、蚝豉（牡蛎干）、蛏干、蛤干等。

不少贝类可以作为中药材。珍珠是名贵的中药材，具有清热、解毒、平肝、安神等作用，珍珠及珍珠层粉在我国已用于配制多种中成药。瓦楞子（蚶）、牡蛎等是传统的中药材。已从蛤类、牡蛎中找到许多抗病毒的成分；从硬壳蛤中提取的蛤素，能够抑制肿瘤生长等。

资源丰富、产量高的小型低值贝类，可以作为农田肥料或家禽饲料。例如，肌蛤、鸭嘴蛤、篮蛤等壳薄肉嫩，用作饲料饲喂猪、鸭、鱼、虾、蟹等，也是价格低廉的海肥。很多贝壳磨成的粉和贝类内脏渣，可作为农肥和饲料；牡蛎壳粉能增强家禽的体质和抗疫力，是饲养家禽的辅助饲料。

贝壳是烧制石灰的良好原料，特别是产量大的种类，如牡蛎、蚶类等，为建筑用石灰提供了部分来源。珍珠层比较厚的贝壳，如各种淡水蚌、海产的珍珠贝等，是制造纽扣和珍珠核的原料。

很多贝壳具有独特的形状和花纹、丰富的光泽和色彩，如日月贝、珍珠贝等，都是受人喜爱的观赏品。用各种贝类贝壳雕刻装饰而成的工艺贝雕，可与木雕、玉雕、牙雕等相媲美，并有其独特的风格。我国古代的螺钿，是用贝壳在木器上镶嵌雕制而成，是珍贵的艺术品。珍珠是珍贵的装饰品，珍珠的发现增加了贝类的价值。

第二篇

古多齿亚纲

PALAEOTAXODONTA Korobkov，1950

胡桃蛤科
NUCULIDAE Gray，1824

壳小型，圆三角形、卵圆形；两壳紧闭，左右壳相称，前后不等；壳内面具珍珠光泽，外套线完整，无外套窦；壳腹缘具有齿状缺刻；铰合部铰合齿"V"形，分为前、后两齿列。生活在深水区，全世界有约150种。

直背指纹蛤
Acila schenckii Kira, 1955

中文异名：小奇异指纹蛤
同物异名：*Acila mirabilis* f. *submirabilis*
产地：中国东海海域
规格[*]（mm）：20
备注：有学者将其作为奇异胡桃蛤 *Acila mirabilis* 的变型。

微吉利亚指纹蛤
Acila vigilia H. G. Schenck, 1936

中文异名：微吉利亚银锦蛤
产地：中国台湾
规格（mm）：16

---

* 规格是指贝壳的最大的长度，一般指壳长，在一些种类中也指壳高。

吻状蛤科
NUCULANIDAE H. et. A. Adams，1858

    壳小型，斜椭圆形，前部短，后部长，呈喙状，延伸成吻状，末端常开口；左右壳相称，前后不等；表壳面光滑，有交错隆起的放射脊与生长线；壳内面瓷质，无珍珠层，有外套窦，壳边缘光滑；铰合部齿数多，前后齿列有时在壳顶下相连接。

    生活在深水区，全世界有约 300 种，我国已报道 28 种。

舟形吻状蛤
Adrana cultrata A. M. Keen，1958

产地：巴拿马
规格（mm）：44

Nuculana novaeguineensis（E. A. Smith，1885）

中文异名：新几内亚吻状蛤
产地：菲律宾
规格（mm）：12

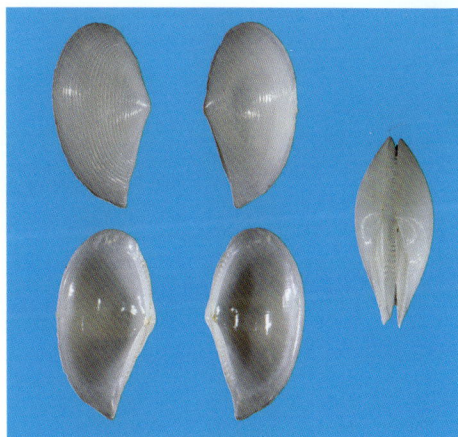

凸小囊蛤
Saccella confusa（Hanley in Sowerby Ⅱ，1860）

中文异名：晃眼吻状蛤
同物异名：*Leda confusa*，*Nuculana confusa*
产地：中国浙江
规格（mm）：11

绫衣蛤科
YOLDIIDAE Dall，1908

壳中小型，长卵圆形，质较薄；壳前端圆，后端尖圆，微上翘；壳表面平滑具光泽，除生长线外，尚有斜行线状条纹。由云母蛤属（*Yoldia* Möller，1842）提升到科。

生活在浅水区，全世界有 9 属约 130 种，我国已报道 10 种。

醒目云母蛤
Yoldia notabilis M. Yokoyama，1922

中文异名: 灰云母蛤
同物异名: *Yoldia limatula*，*Yoldia notabilis*
产地: 中国浙江宁波象山
规格（mm）: 12

黄锦蛤科
NEILONELLIDAE Schileyko，1989

壳中小型，质厚，左右两壳稍膨凸；壳表面具较粗的同心生长纹。由小尼罗蛤属（*Neilonella*，Dall，1881）提升到科。

半纹小尼罗蛤
Neilonella dubia B. Prashad, 1932

中文异名: 模糊黄锦蛤
同物异名: *Neilonella coix*
产地: 中国浙江
规格（mm）: 8.2

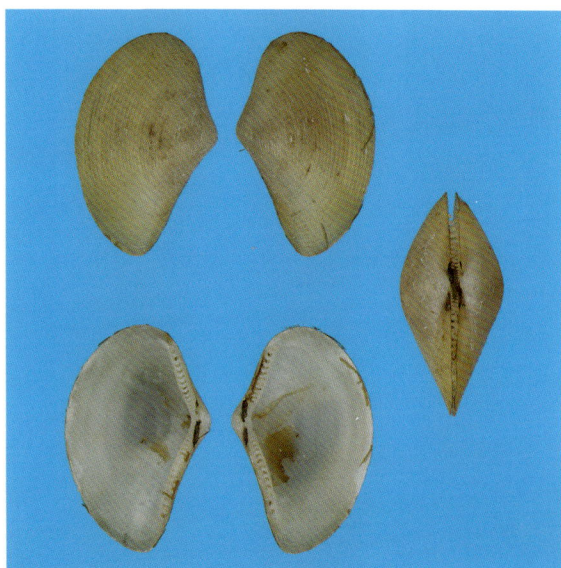

索约小尼罗蛤
Neilonella soyoae T. Habe, 1958

中文异名: 索约黄锦蛤
产地: 中国浙江
规格（mm）: 11

第三篇

翼形亚纲

PTERIOMORPHIA Beurlen，1949

贻贝科
MYTILIDAE Rafinesque，1815

壳楔形、椭圆形，壳质一般较厚；左右壳相称，前后两侧不等；壳表面多呈黑褐、黄褐色，生长纹细密，较明显；壳内面多呈灰白色，有的略显珍珠光泽；韧带细长，位于壳顶后方背缘，多呈褐色；壳周缘光滑或具细缺刻，具有由壳表面卷入的角质狭缘；铰合部无齿，或具粒状小齿；一般肌痕明显。

种类较多，除少数淡水种外，多数分布在世界各大洋，寒带、温带、热带等水域都有分布。全世界有 10 亚科 50 属 400 余种，我国已发现 70 余种。

Adipicola arcuatilis R. K. Dell, 1995

产地：中国东海
规格（mm）：18
备注：附生在海底鲸鱼骨骼上。

Leiosolenus mucronatus（R. A. Philippi，1846）

中文异名：胖石蛏
产地：菲律宾
规格（mm）：27

沼蛤

Limnoperna fortunei（W. R. Dunker, 1856）

中文异名: 湖沼股蛤

同物异名: *Limnoperna lacustris*, *Modiolus fortunei*, *M. lacustris*, *Volsella fortune*

产地: 中国浙江宁波象山

规格（mm）: 10

Lithophaga lima Jousseaume in Lamy, 1919

中文异名: 锉石蛏

同物异名: *Leiosolenus lima*

产地: 菲律宾

规格（mm）: 36

偏顶蛤
Modiolus modiolus（Linnaeus，1758）

中文异名: 远东偏顶蛤
同物异名: *Modiola modiolus*，*Volsella modiolus*
产地: 俄罗斯
规格（mm）: 76

日本偏顶蛤
Modiolus nipponicus（K. Oyama，1950）

中文异名: 日本壳菜蛤
产地: 菲律宾
规格（mm）: 36

菲律宾偏顶蛤

Modiolus philippinarum（S. C. T. Hanley, 1843）

中文异名: 菲律宾贻贝

同物异名: *Modiola philippinarum*、*Volsella philippinarum*

产地: 菲律宾

规格（mm）: 27

Modiolus plumescens（W. R. Dunker, 1868）

中文异名: 带偏顶蛤

产地: 中国浙江舟山枸杞岛

规格（mm）: 19

Musculus coenobitus（L. Vaillant, 1865）

产地：中国浙江舟山泗礁

规格（mm）：6.2

备注：肌蛤的 1 种，浙江舟山附近海域较常见，附着于养殖贻贝的足丝中，似云石肌蛤。

云石肌蛤

Musculus cupreus（A. Gould, 1861）

产地：中国浙江温州南麂岛

规格（mm）：6.2

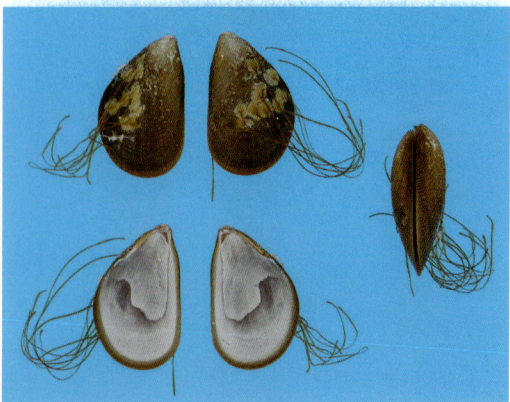

Mutilisepta bifurcate（G. S. Poli, 1795）

同物异名：*Mytilisepta bifurcata*

产地：中国浙江舟山泗礁

规格（mm）：11

备注：浙江舟山附近海域较常见，附着于养殖贻贝的足丝中。

Mytilaster minimus（G. S. Poli，1795）

中文异名: 小硬贻贝
产地: 意大利
规格（mm）: 20

Mytilus planulatus Lamarck，1819

产地: 中国南海
规格（mm）: 49

Septifer sp.

中文异名: 隔贻贝 1 种
产地: 中国浙江温州南麂岛
规格（mm）: 16
备注: 采自浙江温州南麂岛, 与条纹隔贻贝混
杂附着, 有学者认为是条纹隔贻贝。

隔贻贝

Septifer bilocularis（Linnaeus，1758）

产地：中国南海

规格（mm）：36

隆起隔贻贝

Septifer excisus（Wiegmann，1837）

产地：菲律宾

规格（mm）：33

毛贻贝

Trichomya hirsutus（Lamarck，1819）

中文异名：栉毛贻贝

同物异名：*Brachydontes hirsutus*，*Mytilus hirsutus*

产地：中国浙江温州南麂岛

规格（mm）：21

江珧科
PINNIDAE Leach，1819

　　壳大型，三角形，壳质较薄、脆，壳前端尖细，后端宽大；壳表面多呈黄褐色、土黄色，具细的放射肋，放射肋上有各种小棘；壳内面色浅，具珍珠光泽，肌痕明显；铰合部无齿，韧带长，几乎与背缘等长。

　　海产，广泛分布于世界各热带和亚热带海域，少数种分布在温带及冷温带。全世界有5属50余种，我国沿海已发现7种。

Atrina kinoshitai T. Habe, 1953

中文异名: 木下江珧, 蓑江珧, 蓑江珧蛤
产地: 中国东海海域
规格（mm）: 108

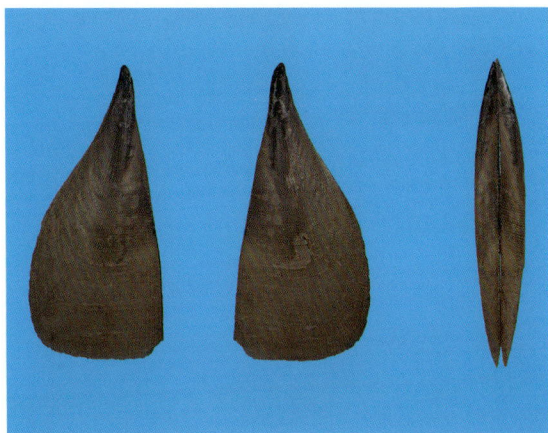

栉江珧
Atrina pectinate（Deshayes in Cuvier, 1841）

中文异名: 中国江珧
同物异名: *Atrina chinensis, A. pectinata,*
Pinna chemnitzii, P. japonica, P.
lischkeana, P. pectinata
产地: 中国南海
规格（mm）: 163

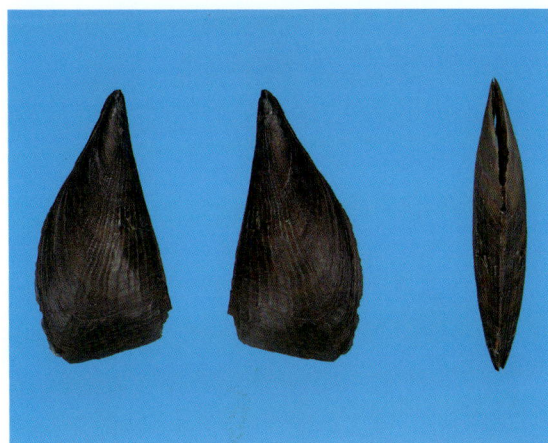

寺町江珧
Atrina teramachii（T. Habe, 1953）

中文异名: 寺町江珧蛤
产地: 中国东海
规格（mm）: 120

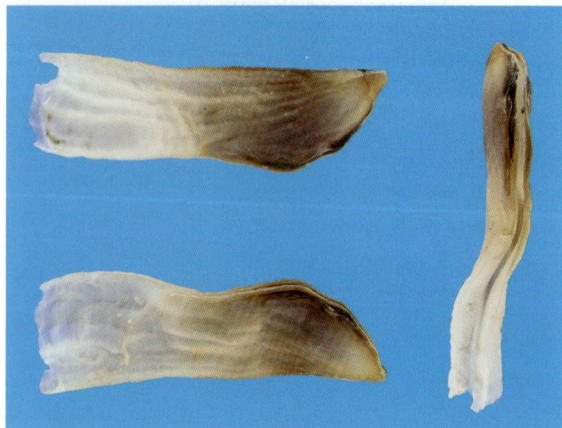

囊形扭江珧
Streptopinna saccata（Linnaeus, 1758）

中文异名: 囊形江珧
产地: 菲律宾
规格（mm）: 74

囊形扭江珧
Streptopinna saccata（Linnaeus, 1758）

中文异名: 囊形江珧
产地: 中国南海
规格（mm）: 75

蚶科
ARCIDAE Lamarck，1809

壳中型，长卵形、球形，壳质通常坚硬、厚实；壳顶部凸，韧带面宽或窄、平坦或向内倾斜；壳前端短、圆，后端较长，呈斜截形或圆形；壳表面通常粗糙，具放射肋，壳皮生有毛状物；铰合部直或略弯，有一列短小、细密的片状齿，齿同形，或前、后齿与中部齿有差异；前、后闭壳肌痕大小近相等。

遍布世界各大洋，主要分布在温带至热带海域。全世界有 25 属约 300 种，我国已报道 80 余种。

Acar congenita（E. A. Smith, 1885）

同物异名：*Acar congenitus*
产地：菲律宾
规格（mm）：16

褶白蚶
Acar plicata（L. W. Dillwyn, 1817）

中文异名：斧形魁蛤
同物异名：*Acar donaciformis*
产地：菲律宾
规格（mm）：19

Anadara adamsi A. A. Olsson, 1961

产地: 中国海南

规格（mm）: 36

联球蚶
Anadara consociata（E. A. Smith, 1885）

中文异名: 联球魁蛤

产地: 中国浙江宁波

规格（mm）: 21

格粗饰蚶
Anadara craticulata（H. J. P. Nyst, 1848）

产地: 中国南海

规格（mm）: 38

Anadara disparilis（L. A. Reeve, 1844）

产地: 中国南海
规格（mm）: 45

夹粗饰蚶
Anadara fultoni（G. B. Sowerby Ⅲ, 1907）

中文异名: 富尔顿魁蛤
产地: 中国南海
规格（mm）: 48

广东毛蚶
Anadara guangdongensis（Bernard, Cai & Morton, 1993）

中文异名: 异毛蚶, 广东魁蛤
同物异名: *Scapharca guangdongensis*
产地: 中国海南
规格（mm）: 37

印度毛蚶

Anadara indica（J. F. Gmelin, 1791）

同物异名: *Scapharca indica*
产地: 中国浙江宁波象山
规格（mm）: 16

Anadara jousseaumei（E. Lamy, 1907）

产地: 中国南海
规格（mm）: 40

唇毛蚶

Anadara kafanovi K. A. Lutaenko, 1993

同物异名: *Scapharca kafanovi*, *S. labisosa*
产地: 中国浙江宁波
规格（mm）: 9.2

Anadara rhomboidalis（H. C. F. Schumacher, 1817）

产地: 中国南海
规格（mm）: 38

尖顶毛蚶
Anadara rufescens（L. A. Reeve, 1844）

产地: 中国南海
规格（mm）: 43

球蚶
Anadara sabinae（L. J. Morlet, 1889）

中文异名: 萨蕾魁蛤
同物异名: *Potiarca pilula*
产地: 中国南海
规格（mm）: 26

鹅绒粗饰蚶

Anadara uropigimelana（J. B. G. Bory de Saint-Vincent, 1827）

中文异名: 优罗魁蛤, 毛魁蛤, 棕毛魁蛤, 美肋魁蛤

产地: 菲律宾

规格（mm）: 52

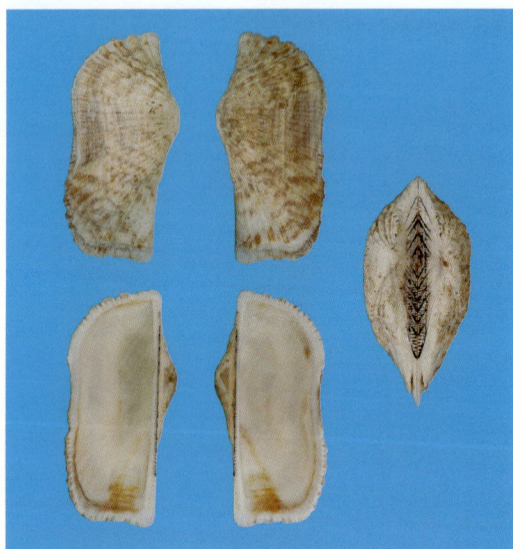

Arca zebra W. Swainson, 1833

中文异名: 斑马蚶

同物异名: *Arca occidentalis*

产地: 中国南海

规格（mm）: 51

Barbatia foliata（Forsskål in Niebuhr, 1775）

中文异名: 髯魁蛤

产地: 菲律宾

规格（mm）: 34

棱须蚶
Barbatia trapezina（Lamarck，1819）

中文异名: 棱魁蛤
产地: 中国台湾
规格（mm）: 37

鸟羽须蚶
Hawaiarca uwaensis（M. Yokoyama，1928）

同物异名: *Barbatia uwaensis*
产地: 中国浙江舟山中街山
规格（mm）: 21

娇嫩须蚶
Calloarca tenella（L. A. Reeve, 1844）

同物异名: *Callocardia tenella*
产地: 菲律宾
规格（mm）: 27

双纹须蚶
Mesocibota bistrigata（W. R. Dunker, 1866）

同物异名: *Barbatia bistrigata*
产地: 中国浙江宁波象山
规格（mm）: 7.5

太平洋蓑蚶
Samacar strabo（C. Hedley, 1915）

产地: 中国浙江台州
规格（mm）: 11

鳞片扭蚶

Trisidos kiyonoi（J. Makiyama，1931）

产地: 中国南海

规格（mm）: 61

枕头扭蚶

Trisidos torta（"Steenstrup" Mörch，1850）

中文异名: 枕头扭魁蛤

产地: 泰国

规格（mm）: 99

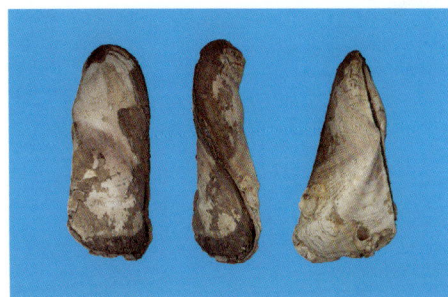

帽蚶科（致纹蚶科）
CUCULLAEIDAE Stewart，1930

壳大型，壳质坚硬、厚实，左右两壳稍不相称；壳表面放射肋细密；韧带面呈梭形；铰合部直，铰合齿变化大；壳内面后端具隔板。

生活在浅海水域，全世界有 1 属 4 种，我国报道 1 种。

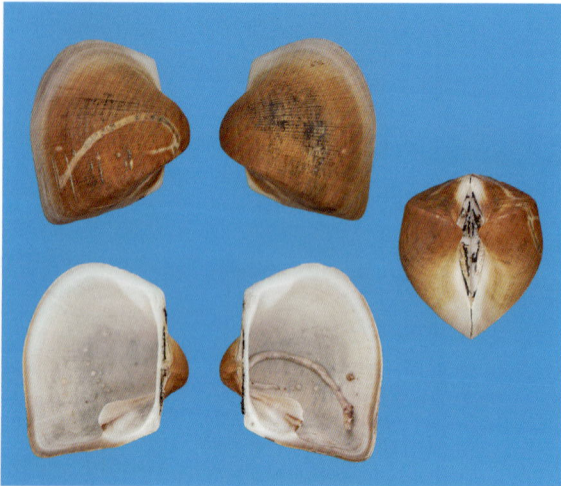

唇帽蚶
Cucullaea labiata (J. Lightfoot, 1786)

中文异名: 粒唇帽蚶, 真圆魁蛤
产地: 泰国
规格（mm）: 76
备注: 有学者认为是粒帽蚶（*Cucullaea granulosa*）的同物异名。

细饰蚶科（罗伊蛤科）
NOETIIDAE Stewart，1930

　　壳中小型，近长方形、卵圆形，壳质较坚硬厚实；左右两壳相称，前后不等；壳表面有细的放射肋；铰合齿仅占铰合部的小部分，韧带面常为长菱形。

　　生活在浅海，全世界有 12 属 35 种，我国已报道 9 种。

硬拟蚶
Arcopsis solida（G. B. Sowerby Ⅰ，1833）

中文异名: 硬罗伊蛤
产地: 墨西哥
规格（mm）: 12

橄榄蚶
Estellarca olivacea（L. A. Reeve，1844）

同物异名: *Estellacar olivacea*
产地: 中国浙江苍南沿浦
规格（mm）: 17

对称细纹蚶
Striarca symmetrica（L. A. Reeve，1844）

中文异名: 对称拟蚶
产地: 中国浙江舟山
规格（mm）: 14

拟锉蛤科（笠蚶科）
LIMOPSIDAE Dall，1895

　　壳中小型，近三角或斜椭圆形，壳质较坚硬；壳表面具生长线和放射肋，壳皮厚，具毛状物；铰合齿数目多，分列于壳顶前、后，或弯曲排列。

　　生活在深水区，冷水性种类居多，15属80余种。

日本格拟锉蛤
Limopsis multistriata（Forsskål in Niebuhr，1775）

中文异名: 抓痕笠蚶
产地: 中国台湾
规格（mm）: 16

蚶蜊科
GLYCYMERIDIDAE Newton，1922

　　壳中小型，圆形、近圆形，壳质坚硬厚实；左右两壳相称，较膨凸，前后两侧近相等；壳表面被绒毛状壳皮；外韧带，具明显的韧带沟；铰合部宽大，具同形的铰合齿多枚；壳内面腹缘具锯齿状缺刻；外套痕简单；前闭壳肌痕较大，肌痕刻划深。

　　营浅海底内生活，全世界有 4 属约 100 种，我国已报道 7 种。

白纹蚶蜊
Glycymeris albolineata（C. E. Lischke，1872）

产地：中国浙江宁波象山
规格（mm）：32
备注：仅采到空壳。

火焰蚶蜊
Glycymeris flammea（L. A. Reeve，1843）

产地：中国海南陵水
规格（mm）：45

瑞氏蚶蜊
Glycymeris reevei（C. Mayer，1868）

中文异名：褐蚶蜊
产地：菲律宾
规格（mm）：36

圆蚶蜊
Glycymeris rotunda（W. R. Dunker，1882）

产地：中国南海
规格（mm）：24

Glycymeris striatularis（Lamarck，1819）

中文异名：欧洲蚶蜊
产地：新西兰
规格（mm）：46

安汶圆扇蚶蜊

Tucetona pectunculus（Linnaeus, 1758）

同物异名: *Glycymeris amboinensis*
产地: 菲律宾
规格（mm）: 50

Tucetona auriflua（L. A. Reeve, 1843）

中文异名: 鎏金蚶蜊
产地: 菲律宾
规格（mm）: 41

Tucetona hanzawai Nomura & Zinbo, 1934

中文异名: 韩氏蚶蜊
产地: 菲律宾
规格（mm）: 13

珍珠贝科（莺蛤科）
PTERIIDAE Gray，1847

　　壳中大型，壳质一般较脆薄；左右两壳相称或略相称，左壳较凸，右壳较平；壳表面黑褐色、灰褐色或绿褐色，有的还有放射线和花斑；壳前、后方有壳耳，一般后耳较大，右壳前耳下方有明显的足丝孔；壳内面珍珠层厚，具珍珠光泽；闭壳肌痕明显；铰合部直，多具数枚粒状小齿。

　　强暖水性种，分布在热带海和亚热带海，全世界有 2 属 40 余种，我国已报道 23 种。

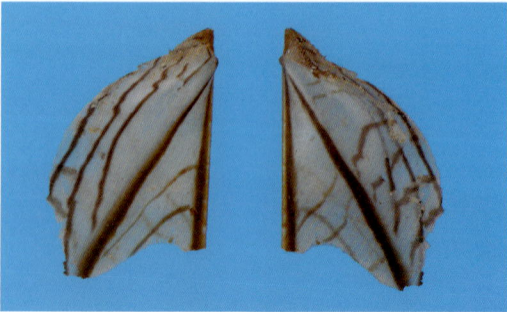

斑马电光贝
Electroma physoides（Lamarck，1819）

中文异名: 美线莺蛤
产地: 菲律宾
规格（mm）: 13

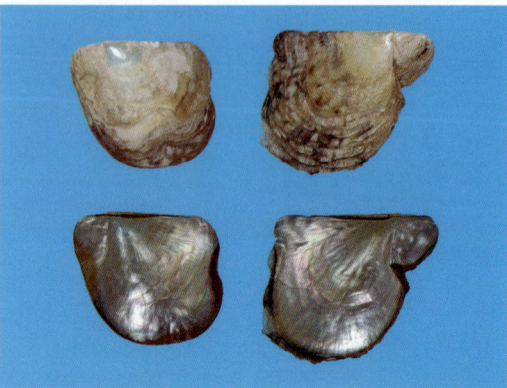

射肋珠母贝
Pinctada radiata（Leach，1814）

产地: 中国东海
规格（mm）: 42

萨氏珍珠贝
Pteria aegyptiaca（L. W. Dillwyn，1817）

同物异名: *Pteria savignyi*
产地: 中国浙江海域
规格（mm）: 38

中国珍珠贝

Pteria avicular（"Chemnitz" Holten, 1802）

中文异名: 黑莺蛤
同物异名: *Pteria chinensis*
产地: 菲律宾
规格（mm）: 26

短翼珍珠贝

Pteria heteroptera（Lamarck, 1819）

同物异名: *Pteria brevialata*
产地: 中国南海
规格（mm）: 56

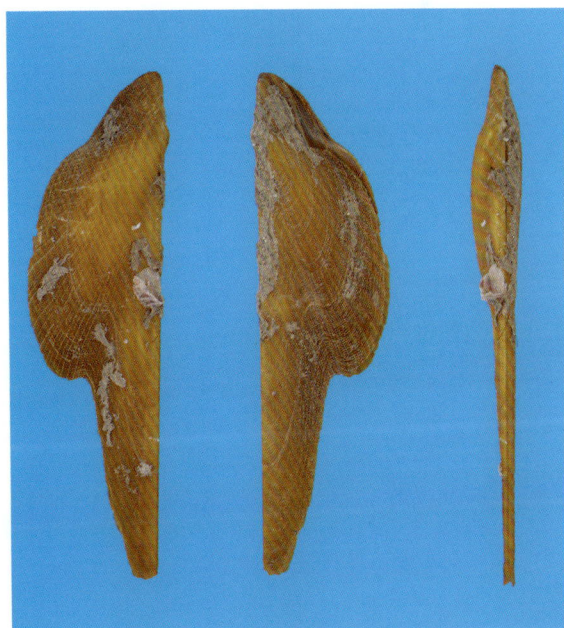

理石珍珠贝

Pteria marmorata（L. A. Reeve, 1857）

产地: 中国浙江温州南麂岛
规格（mm）: 38
备注: 标本采自浙江温州南麂岛养殖网
衣上。

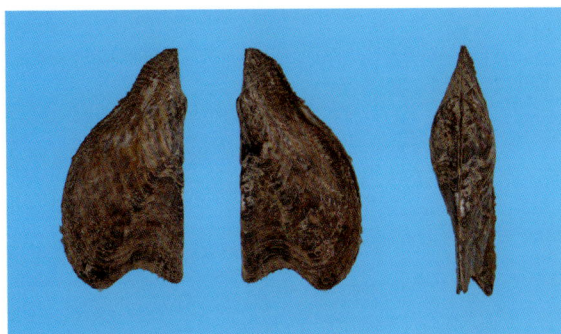

Pteria sterna（A. A. Gould, 1851）

中文异名: 墨西哥莺蛤

产地: 巴拿马

规格（mm）: 42

单韧穴蛤科（薄钳蛤科）
VULSELLIDAE Gray，1854

　　壳中型，表面平滑或带鳞片；两壳侧扁，背腹延长，无壳耳；铰合部短，无铰合齿，壳内面具珍珠光泽；后闭壳肌大而圆，位于近中央处。

　　生活于热带浅海，全世界有 3 属 12 种，我国已报道 2 种。

Vulsella vulsella（Linnaeus，1758）

中文异名：凤凰单韧穴蛤
产地：菲律宾
规格（mm）：78

丁蛎科（锤蛤科）
MALLEIDAE Lamarck，1819

壳中型，壳形不规则，一般丁字形；左右两壳不相称，前后近相等或不等；壳表面粗糙，具鳞片或放射棘；铰合部长，有三角形的韧带槽；前闭壳肌消失，后闭壳肌位于壳中央近后缘。

热带性种，以足丝附着栖息于潮间带及浅海。全世界有 2 属 10 种，我国已报道 7 种。

白丁蛎
Malleus albus Lamarck，1819

中文异名: 丁蛎
产地: 菲律宾
规格（mm）: 155

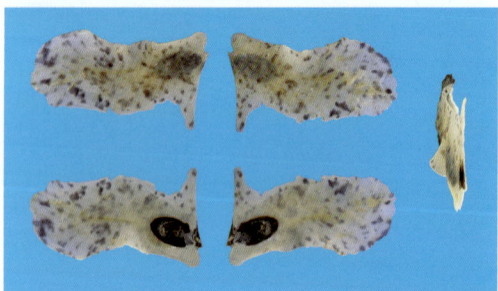

Malleus anatinus J. F. Gmelin, 1791

中文异名: 鸭嘴丁蛎
产地: 菲律宾
规格（mm）: 68

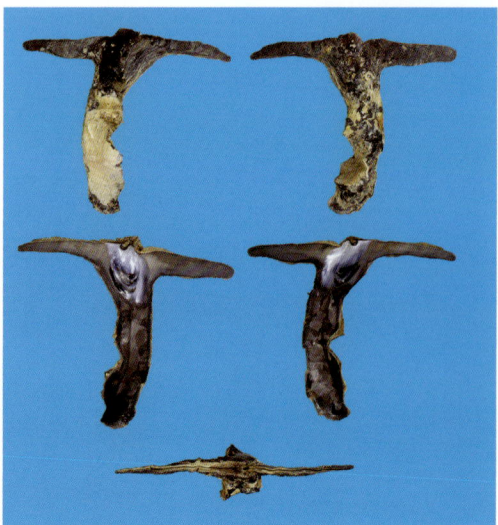

黑丁蛎
Malleus malleus（Linnaeus，1758）

中文异名: 丁蛎
产地: 菲律宾
规格（mm）: 163

钳蛤科（障泥蛤科）
ISOGNOMONIDAE Woodring，1925

　　壳中型，壳形不规则，较扁平；左右两壳不相称，前后两侧不等；壳顶位于背缘前端，壳顶下方具有足丝孔，壳耳有或无；壳表面平或粗糙，具片状同心生长纹；铰合部长短不等，铰合面较宽，其上有多个韧带槽，前闭壳肌消失，后闭壳肌痕位于壳中央。

　　热带、亚热带种，以足丝附着于潮间带至浅海生活。全世界有 1 属 20 种，我国已报道 7 种。

扁平钳蛤
Isognomon ephippium（Linnaeus, 1758）

中文异名: 马鞍障泥蛤
产地: 中国广西
规格（mm）: 72

钳蛤
Isognomon isognomum（Linnaeus, 1758）

中文异名: 太平洋障泥蛤
产地: 菲律宾
规格（mm）: 103

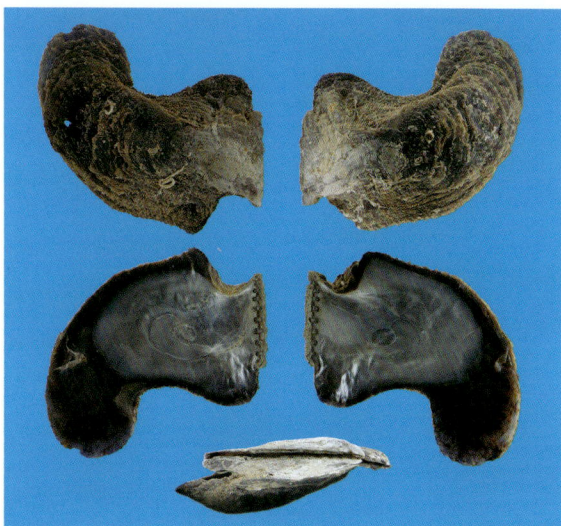

方形钳蛤
Isognomon nucleus（Lamarck，1819）

产地：中国海南
规格（mm）：18

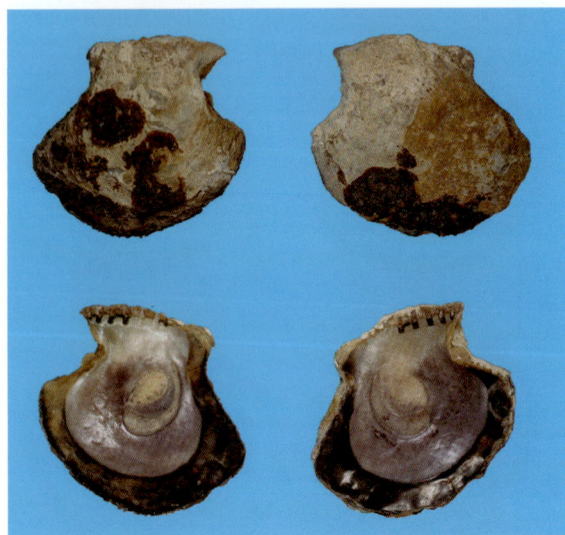

豆荚钳蛤
Isognomon legumen（J. F. Gmelin，1790）

产地：中国海南陵水
规格（mm）：38

不等蛤科（银蛤科）
ANOMIIDAE Rafinesque，1815

　　壳中型，圆形或椭圆形，云母质，较脆；左壳凸或稍凸，右壳较平；壳表面白色、浅黄色、红色等，生长纹细密，放射线略显或不明显；有些种具有明显的足丝孔；壳内面色浅，铰合部无齿；韧带小，棕褐色。

　　海产，分布于世界各热带至寒带地区。全世界有 7 属 25 种，我国已报道 3 种。

中国不等蛤
Anomia chinensis R. A. Philippi，1849

产地：中国浙江舟山
规格（mm）：43

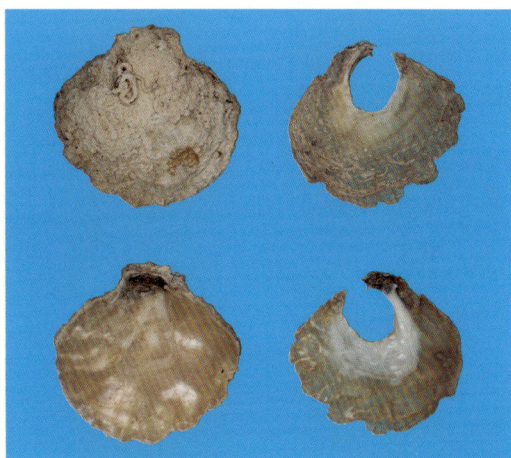

欧洲不等蛤
Anomia ephippium Linnaeus，1758

中文异名：欧洲银蛤
产地：西班牙
规格（mm）：32

索尔不等蛤
Anomia sol L. A. Reeve，1859

中文异名：索尔银蛤
产地：菲律宾
规格（mm）：22

指甲不等蛤
Anomia squamula Linnaeus, 1758

中文异名: 指甲片银蛤
同物异名: *Heteranomia squamula*
产地: 美国
规格（mm）: 13

难解不等蛤
Enigmonia aenigmatica（"Chemnitz" Holten，1802）

中文异名: 红树林银蛤
产地: 菲律宾
规格（mm）: 38

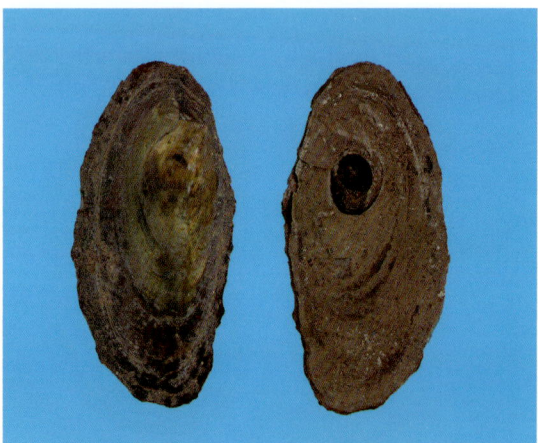

难解不等蛤
Enigmonia aenigmatic（"Chemnitz" Holten，1802）

产地: 中国浙江宁波象山
规格（mm）: 22
备注: 分布于广东以南沿海, 最近几年在宁波附近海域采到活体标本, 不排除是红树林移植过程中随带进入宁波海域。

海月科（海月蛤科）
PLACUNIDAE Gray，1842

　　壳大型，扁平，壳质薄，半透明；壳表面有细密的生长纹和放射纹；铰合部构造特殊，无真正的铰合齿，有 1 个倒"V"形的长脊，两壳由韧带连接。

　　分布于热带、亚热带，栖息于潮间带至浅海沙、泥沙或珊瑚礁中。全世界有 2 属 7 种，我国已报道 3 种。

鞍海月
Placuna ephippium（L. M. Philipsson，1788）

产地：菲律宾
规格（mm）：140

四方海月
Placuna quadrangula（L. M. Philipsson，1788）

产地：中国南海
规格（mm）：102

襞蛤科（猫爪蛤科）
PLICATULIDAE Watson，1930

　　壳小型，三角形或不规则圆形，壳质坚硬、厚实；壳顶近前端略弯向后方，壳耳略显或缺；壳表面土黄色、红褐色或浅褐色，生长纹明显，有放射肋和放射纹，肋上有各种鳞片；壳内面白色，略显珍珠光泽；左壳铰合部 2 枚主齿，右壳 2 枚主齿，2 枚侧齿；内韧带褐色，位于主齿间的韧带槽中；肌痕较明显。

　　热带和亚热带种，以右壳固着在低潮区至浅海的泥沙质海底其他物体上生活。全世界有 1 属 20 种，我国已报道 6 种。

覆瓦襞蛤
Plicatula imbricata K. T. Menke, 1843

产地: 中国浙江宁波象山花岙
规格（mm）: 33
备注: 在宁波象山花岙岛沙滩上捡到的空壳。

襞蛤
Plicatula plicata（Linnaeus, 1764）

产地: 中国浙江宁波象山花岙
规格（mm）: 16
备注: 在宁波象山花岙岛沙滩上捡到的空壳。

扇贝科
PECTINIDAE Rafinesque，1815

　　壳中大型，圆扇形，壳质较坚硬；壳顶两侧具有耳状突起，前耳下方有明显的足丝孔和细栉齿；壳表面光滑或具各种放射雕刻；壳内面色较浅，略具光泽，韧带呈褐色，位于三角形的韧带槽中；闭壳肌痕 1 个，较明显。

　　广布于温带至热带各大洋，种类多，全世界有 60 属约 250 种，我国已报道 52 种。

Aequipecten flabellum（J. F. Gmelin，1791）

中文异名: 西非海扇蛤

产地: 西非

规格（mm）: 46

波纹海扇蛤
Aequipecten lineolaris（Lamarck，1819）

产地: 巴拿马

规格（mm）: 37

里氏环扇贝
Annachlamys reevei（Adams in Adams & Reeve，1850）

产地：中国海南
规格（mm）：66

大车箱海扇蛤
Argopecten commutatus（T. A. di Monterosato，1875）

产地：西班牙
规格（mm）：26

覆瓦栉孔扇贝

Caribachlamys pellucens（Linnaeus，1758）

同物异名：*Caribachlamys imbricata*
产地：美国
规格（mm）：28

澳洲栉孔扇贝

Chlamys australis（G. B. Sowerby Ⅰ，1833）

产地：澳大利亚
规格（mm）：80

欧文薄齿扇贝
Chlamys oweni（A. de Gregorio, 1884）

中文异名: 欧文海扇蛤

产地: 印度尼西亚

规格（mm）: 57

黄拟套扇贝
Complicachlamys wardiana T. Iredale, 1939

中文异名: 瓦蒂纳氏海扇蛤

产地: 菲律宾

规格（mm）: 18

异纹栉孔扇贝
Chlamys irregularis（G. B. Sowerby Ⅱ, 1842）

产地: 中国广西钦州

规格（mm）: 14

齿舌纹肋扇贝

Comptopallium radula（Linnaeus，1758）

同物异名: *Decatopecten radula*
产地: 菲律宾
规格（mm）: 56

筛珊瑚扇贝

Coralichlamys madreporarum（Petit，in G. B. Sowerby Ⅱ，1842）

中文异名: 筛栉孔扇贝
产地: 菲律宾
规格（mm）: 15

核隐扇贝

Cryptopecten nux（L. A. Reeve，1853）

产地: 菲律宾
规格（mm）: 15

Decatopecten amiculum（R. A. Philippi, 1851）

中文异名: 琉球海扇蛤

产地: 菲律宾

规格（mm）: 38

北海道扇贝
Swiftopecten swiftii（A. C. Bernardi, 1858）

产地: 日本

规格（mm）: 86

丑鸭优扇贝
Excellichlamys histrionica（J. F. Gmelin, 1791）

中文异名: 明星海扇蛤

产地: 泰国

规格（mm）: 19

飞白海扇蛤

Euvola chazaliei P. Dautz，1900

同物异名：*Pecten chazaliei*
产地：委内瑞拉
规格（mm）：27

Flexopecten flexuosus（I. von Born，1778）

中文异名：城墙海扇蛤
产地：西班牙
规格（mm）：39

小美海扇蛤

Flexopecten coarctatus（I. von Born, 1778）

产地：西班牙
规格（mm）：34

小海扇蛤
Haumea minuta（Linnaeus, 1758）

产地: 菲律宾
规格（mm）: 24

Juxtamusium coudeini（A. Bavay, 1903）

中文异名: 寇氏海扇蛤
产地: 菲律宾
规格（mm）: 19

Laevichlamys aliae（H. Dijkstra, 1988）

中文异名: 阿丽海扇蛤
产地: 菲律宾
规格（mm）: 20

鳞栉孔扇贝
Laevichlamys squamosa（J. F. Gmelin，1791）

中文异名: 台湾海扇蛤
同物异名: *Chlamys squamosa*
产地: 菲律宾
规格（mm）: 35

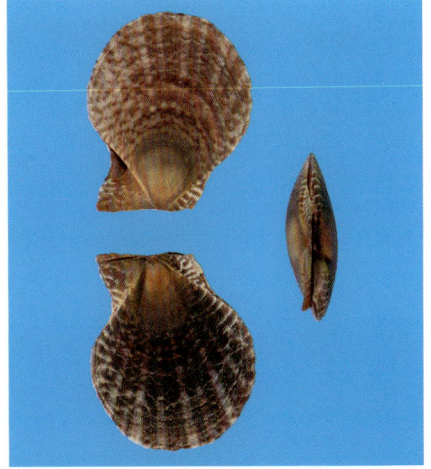

中美洲海扇蛤
Leopecten sericeus（R. B. Hinds，1845）

同物异名: *Euvola sericea*，*Pecten sericeus*
产地: 巴拿马
规格（mm）: 58

西墨海扇蛤
Leptopecten tumbezensis（A. D. d' Orbigny，1846）

产地: 巴拿马
规格（mm）: 42

白条类栉孔扇贝
Mimachlamys albolineata（G. B. Sowerby Ⅱ, 1842）

产地: 中国福建厦门

规格（mm）: 32

粗鳞类栉孔扇贝
Mimachlamys asperrima（Lamarck, 1819）

中文异名: 粗面海扇蛤

产地: 澳大利亚

规格（mm）: 44

秀色类栉孔扇贝
Mimachlamys funebris（L. A. Reeve, 1853）

中文异名: 秀色海扇蛤

产地: 菲律宾

规格（mm）: 19

美肋类栉孔扇贝
Mimachlamys pseudolima（G. B. Sowerby Ⅱ，1842）

中文异名：美肋海扇蛤
产地：菲律宾
规格（mm）：47

Mimachlamys scabricostata（G. B. Sowerby Ⅲ，1915）

中文异名：粗鳞海扇蛤
产地：澳大利亚
规格（mm）：57

法国海扇蛤
Mimachlamys varia（Linnaeus，1758）

同物异名：*Chlamys varia*
产地：法国
规格（mm）：37

Mirapecten moluccensis H. Dijkstra, 1988

中文异名: 马六甲海扇蛤
产地: 菲律宾
规格（mm）: 26

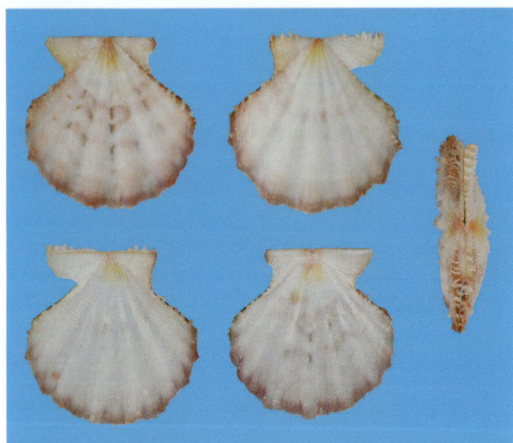

Mirapecten rastellum（Lamarck, 1819）

中文异名: 短棘栉孔扇贝
产地: 菲律宾
规格（mm）: 34

关节海扇蛤
Nodipecten arthriticus（L. A. Reeve, 1853）

产地: 巴拿马
规格（mm）: 34

小狮爪海扇蛤
Nodipecten subnodosus（G. B. Sowerby Ⅰ, 1835）

产地: 巴拿马
规格（mm）: 78

虎皮海扇蛤
Palliolum tigerinum（O. F. Müller, 1776）

产地: 苏格兰
规格（mm）: 19

箱形扇贝
Pecten pyxidata（I. von Born, 1780）

同物异名: *Pecten pyxidatus*
产地: 菲律宾
规格（mm）: 55

中国扇贝
Pecten sinensis G. B. Sowerby Ⅱ, 1842

中文异名: 中华扇贝
产地: 中国浙江温州洞头
规格（mm）: 64
备注: 仅采到右壳。

拟海菊足扇贝
Pedum spondyloideum（J. F. Gmelin, 1791）

中文异名: 海菊海扇蛤
产地: 菲律宾
规格（mm）: 57

Pseudamussium peslutrae（Linnaeus, 1771）

中文异名: 百思翠海扇蛤
产地: 苏格兰
规格（mm）: 52

丽鳞奇异扇贝

Scaeochlamys squamata（J. F. Gmelin, 1791）

中文异名: 鳞皮海扇蛤
同物异名: *Chlamys squamata*
产地: 中国台湾
规格（mm）: 25

Scaeochlamys squamea Dijkstra & Maestrati, 2009

中文异名: 鳞皮海扇蛤
产地: 菲律宾
规格（mm）: 27

Semipallium barnetti H. Dijkstra, 1988

中文异名: 巴拉特海扇蛤
产地: 菲律宾
规格（mm）: 15

Semipallium dianae（C. Crandall，1979）

中文异名: 芙蓉拟套扇贝
产地: 印度尼西亚
规格（mm）: 28

虎斑拟套扇贝
Semipallium flavicans（Linnaeus，1758）

中文异名: 麻丝海扇蛤
同物异名: *Semipallium tigris*
产地: 菲律宾
规格（mm）: 53

Semipallium fulvicostatum（A. Adams & Reeve，1850）

中文异名: 毛肋海扇蛤
产地: 菲律宾
规格（mm）: 19

Talochlamys gladysiae（J. C. Melvill, 1888）

中文异名: 格莱德茜海扇蛤
产地: 菲律宾
规格（mm）: 15

Talochlamys zelandiae（Gray in Dieffenbach，1843）

中文异名: 毛利海扇蛤
产地: 新西兰
规格（mm）: 14

平濑掌扇贝
Volachlamys hirasei（A. Bavay, 1904）

产地: 中国浙江宁波象山
规格（mm）: 15

新加坡掌扇贝

Volachlamys singaporina（G. B. Sowerby Ⅱ，1842）

产地：中国浙江舟山

规格（mm）：22

Zygochlamys patagonica（King & Broderip，1832）

中文异名：阿根廷海扇蛤

同物异名：*Chlamys lischkei*

产地：乌拉圭

规格（mm）：73

海菊蛤科
SPONDYLIDAE Gray，1826

　　壳中型，近圆形，壳质厚重；左右两壳不相称，右壳较大，用以固着在他物上生活；壳顶小，其前后方有耳状突起；整个壳面被有细放射肋，肋上的生长棘多数较发达；壳表面颜色各异，有红、白、黄、紫等；壳内面色浅，近壳缘处色常较深，并具有肋状突起；铰合线直，两壳各具强大的铰合齿2枚，并具有相应的齿穴；韧带槽三角形，位于两齿之间；韧带呈紫褐色，位于韧带槽中。

　　分布于大西洋、太平洋及印度洋热带海区。全世界有1属65种，我国已报道27种。

Spondylus albibarbatus L. A. Reeve, 1856

中文异名: 白刺海菊蛤
产地: 菲律宾
规格（mm）: 77

无刺海菊蛤
Spondylus anacanthus J. Mawe, 1823

中文异名: 王侯海菊蛤
产地: 菲律宾
规格（mm）: 56

无刺海菊蛤
Spondylus anacanthus J. Mawe, 1823

中文异名: 赤裸海菊蛤
产地: 菲律宾
规格（mm）: 50

Spondylus asperrimus G. B. Sowerby II, 1842

中文异名: 怒放海菊蛤
产地: 日本鹿儿岛
规格（mm）: 38

巴氏海菊蛤
Spondylus butleri L. A. Reeve, 1856

中文异名: 巴特尔海菊蛤
产地: 菲律宾
规格（mm）: 78

洁海菊蛤
Spondylus deforgesi Lamprell & Healy, 2001

中文异名: 锉面海菊蛤
异名: *Spondylus candidus*
产地: 菲律宾
规格（mm）: 64

Spondylus echinatus K. Schreibers, 1793

中文异名: 荆棘海菊蛤
产地: 菲律宾
规格（mm）: 82

多叶海菊蛤
Spondylus foliaceus K. Schreibers, 1793

中文异名: 红叶海菊蛤
产地: 菲律宾
规格（mm）: 78

多叶海菊蛤
Spondylus foliaceus K. Schreibers, 1793

中文异名: 红叶海菊蛤
产地: 菲律宾
规格（mm）: 78

堂皇海菊蛤
Spondylus imperialis J. C. Chenu, 1844

中文异名: 帝王海菊蛤
产地: 菲律宾
规格（mm）: 98

Spondylus lamarckii J. C. Chenu, 1845

中文异名: 拉马克海菊蛤
产地: 菲律宾
规格（mm）: 99

Spondylus multisetosus L. A. Reeve, 1856

中文异名: 多肋海菊蛤
产地: 菲律宾
规格（mm）: 84

尼科巴海菊蛤
Spondylus nicobaricus K. Schreibers，1793

中文异名: 尼科海菊蛤
产地: 菲律宾
规格（mm）: 33

Spondylus occidens G. B. Sowerby Ⅲ，1903

中文异名: 深水海菊蛤
产地: 菲律宾
规格（mm）: 39

Spondylus ocellatus K. Schreibers，1793

中文异名: 细海菊蛤
产地: 菲律宾
规格（mm）: 37

Spondylus reesianus G. B. Sowerby Ⅲ, 1903

中文异名: 里斯海菊蛤
产地: 菲律宾
规格（mm）: 54

Spondylus reevei H. C. Fulton, 1915

中文异名: 芮氏海菊蛤
产地: 菲律宾
规格（mm）: 98

Spondylus setiger L. A. Reeve, 1856

中文异名: 宽刺海菊蛤
产地: 菲律宾
规格（mm）: 93

中华海菊蛤
Spondylus sinensis K. Schreibers, 1793

产地: 日本鹿儿岛
规格（mm）: 64

海菊蛤 1 种
Spondylus sp.

产地: 中国海南
规格(mm): 85

厚壳海菊蛤
Spondylus squamosus K. Schreibers, 1973

中文异名: 鱼鳞海菊蛤
产地: 中国海南陵水
规格(mm): 75

Spondylus variegatus K. Schreibers, 1793

中文异名: 变叶海菊蛤
产地: 菲律宾
规格(mm): 73

可变海菊蛤
Spondylus varius G. B. Sowerby I, 1827

中文异名: 变化海菊蛤
产地: 菲律宾
规格（mm）: 98

Spondylus visayensis Poppe & Tagaro, 2010

中文异名: 维萨鄢海菊蛤
产地: 菲律宾
规格（mm）: 118

拟日月贝科
PROPEAMUSSIIDAE Abbott，1954

壳小型，壳质薄脆，半透明；右壳稍小，较平，白色，光滑；左壳表面淡橙色，具有较细的放射肋，肋上具有许多规则的生长鳞片；壳背缘较直，具有细锯齿；壳耳三角形，前耳较大，后耳小，右壳前耳具有较浅的足丝孔，无栉齿；闭壳肌较大，长椭圆形。

热带和亚热带种，栖息于较深的泥、细沙或沙砾质海底。全世界有 7 属约 150 种，我国已报道 10 种。

Dentamussium obliteratum（Linnaeus，1758）

中文异名: 小日月贝
产地: 菲律宾
规格（mm）: 53

黄肋拟日月贝
Propeamussium sibogai（Dautzenberg & Bavay，1904）

中文异名: 大光芒海扇蛤
产地: 中国浙江
规格（mm）: 32

锉蛤科（狐蛤科）
LIMIDAE Rafinesque，1815

　　壳中型，卵圆形、近三角形，壳质脆；壳表面有放射肋、网状雕刻或小棘；壳顶内侧有三角形的韧带槽，前闭壳肌消失，后闭壳肌痕不明显或模糊。

　　全世界有 8 属约 250 种，我国已报道 22 种。

中国海大锉蛤
Acesta marissinica（P. Bartsch，1913）

同物异名: *Acesta*（*Callolima*）
philippinensis
产地: 中国南海
规格（mm）: 157

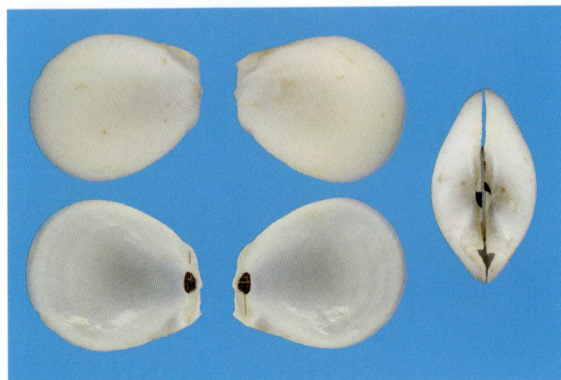

圆栉锉蛤
Ctenoides ales（H. J. Finlay, 1927）

中文异名: 阿尔斯狐蛤
产地: 菲律宾
规格（mm）: 61

Ctenoides barnardi J. R. Stuardo，1968

中文异名: 百纳德狐蛤
产地: 菲律宾
规格（mm）: 22

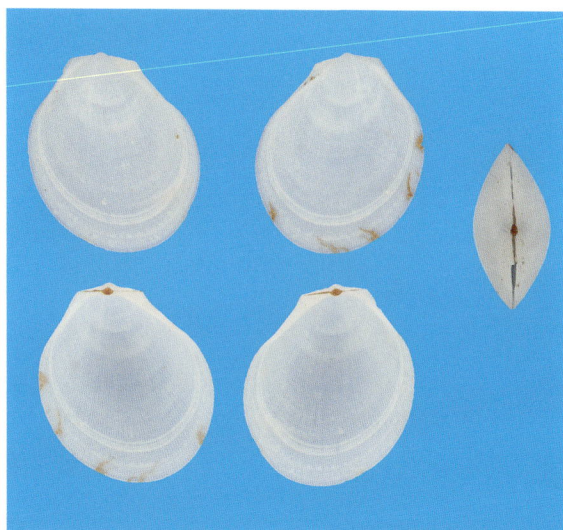

李氏栉锉蛤
Ctenoides lischkei（E. Lamy，1930）

中文异名: 李泽氏狐蛤
产地: 菲律宾
规格（mm）: 23

Ctenoides philippinarum Masahito & Habe，1972

中文异名: 菲律宾狐蛤
产地: 菲律宾
规格（mm）: 33

Lima orbignyi E. Lamy, 1930

中文异名: 欧氏狐蛤
产地: 巴拿马
规格（mm）: 22

角耳雪锉蛤
Limaria basilanica（A. Adams & Reeve, 1850）

中文异名: 巴西兰狐蛤
产地: 菲律宾
规格（mm）: 21

Limaria cumingii（G. B. Sowerby Ⅱ, 1843）

中文异名: 古氏狐蛤
产地: 菲律宾
规格（mm）: 19

Limaria fragilis（J. F. Gmelin, 1791）

中文异名: 薄片狐蛤
产地: 菲律宾
规格（mm）: 22

函馆雪锉蛤
Limaria hakodatense（S. Tokunaga, 1906）

同物异名: *Limaria hakodatensis*
产地: 中国浙江宁波象山
规格（mm）: 7.1

Limaria hians（J. F. Gmelin, 1791）

中文异名: 欧洲狐蛤
产地: 美国
规格（mm）: 64

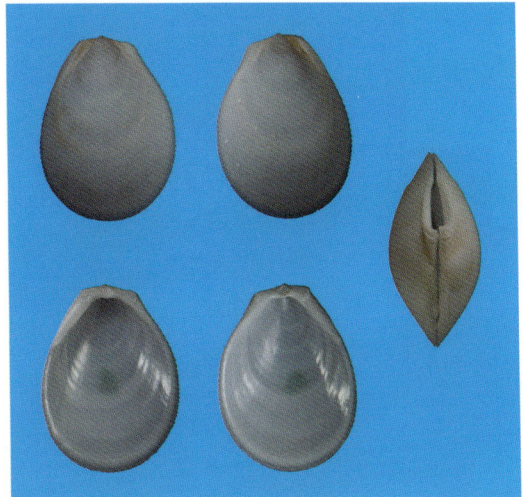

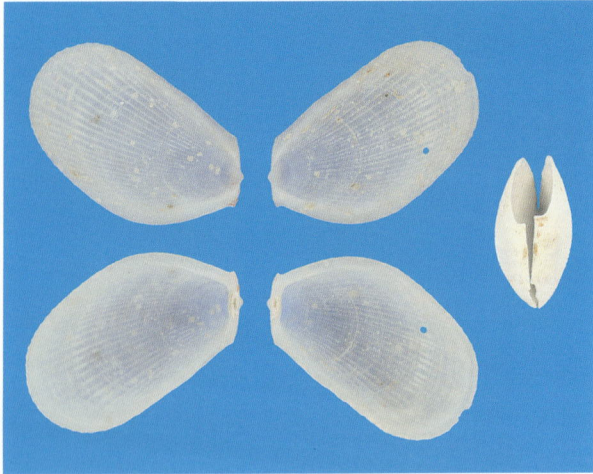

Limaria orientalis（A. Adams & Reeve, 1850）

中文异名: 东方狐蛤

产地: 菲律宾

规格（mm）: 22

牡蛎科
OSTREIDAE Rafinesque，1815

　　壳中型，壳形不规则，壳质厚实，坚硬；左右两壳不相称，左壳又称下壳，用于固着，较大；右壳又称上壳，通常较小而平，多数种类表面具有鳞片或卷起的管状棘；铰合部通常无齿，有发达的内韧带槽；单肌型，后闭壳肌发达。

　　世界性广布类群，分布在温带及亚热带地区。全世界有 18 属 65 种，我国已报道 21 种。

近江巨牡蛎
Crassostrea ariakensis（T. Fujita，1913）

产地：中国山东潍坊

规格（mm）：182

Dendostrea frons（Linnaeus，1758）

中文异名：鸡冠牡蛎

产地：菲律宾

规格（mm）：46

Dendostrea rosacea（G. P. Deshayes，1836）

中文异名：彩色牡蛎

产地：中国南海

规格（mm）：24

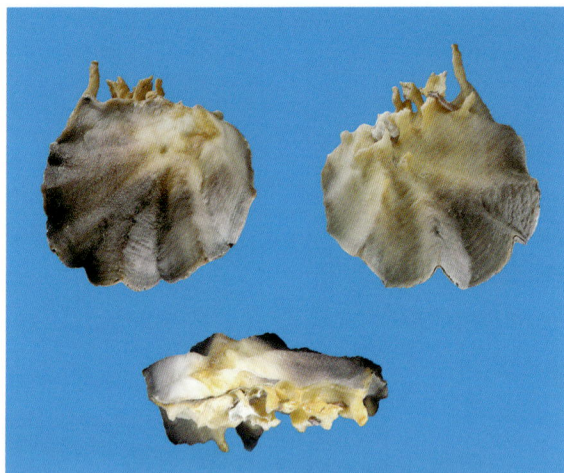

脊牡蛎
Lopha cristagalli（Linnaeus, 1758）

中文异名: 锯齿牡蛎
产地: 越南
规格（mm）: 68

熊本牡蛎
Crassostrea sikamea（I. Amemiya, 1928）

同物异名: *Magallana sikamea*
产地: 中国浙江舟山
规格（mm）: 42

Ostrea palmipes G. B. Sowerby Ⅱ, 1871

中文异名: 蹼状牡蛎
产地: 菲律宾
规格（mm）: 48

覆瓦牡蛎

Parahyotissa inermis（G. B. Sowerby Ⅱ，1871）

同物异名: *Parahyotissa imbricata*
产地: 中国东海
规格（mm）: 49

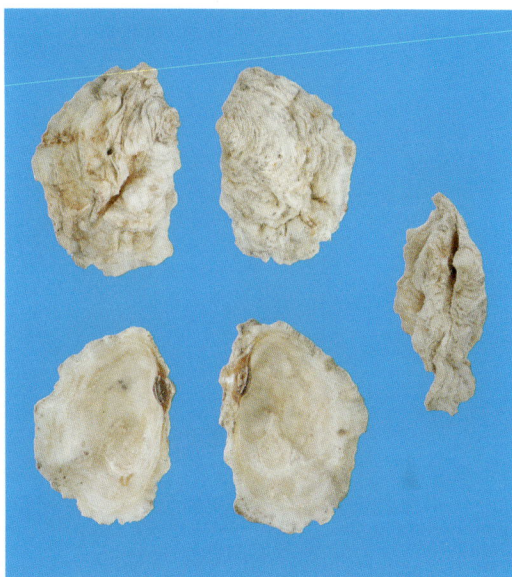

僧帽牡蛎

Saccostrea cucullata（I. von Born，1778）

产地: 菲律宾
规格（mm）: 25

多刺牡蛎

Saccostrea echinata（Quoy & Gaimard，1835）

中文异名: 棘刺牡蛎、刺牡蛎
产地: 中国浙江温州南麂岛
规格（mm）: 33

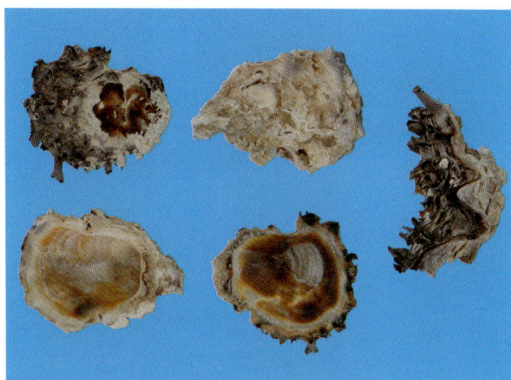

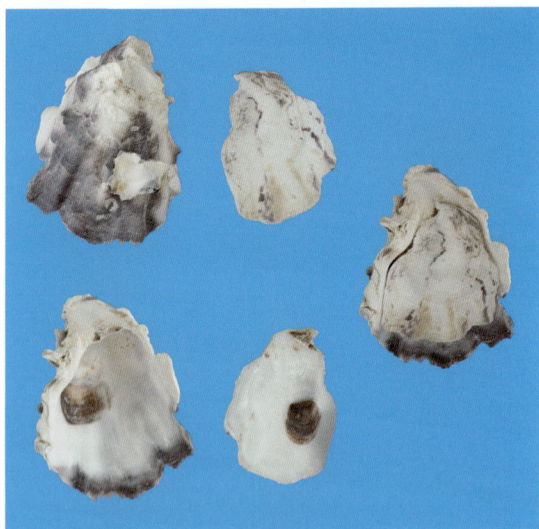

团聚牡蛎

Saccostrea glomerata（A. A. Gould, 1850）

产地：中国福建

规格（mm）：40

猫爪牡蛎

Talonostrea talonostrea Li & Qi, 1994

产地：中国浙江宁波象山

规格（mm）：17

缘曲牡蛎科（曲蛎科、罗锅蛤科）
GRYPHAEIDAE Vialov，1936

　　壳中型，壳形不规则；左右壳不相称，左壳深凹，固着面较小，右壳平；左壳铰合部中央有韧带槽，有较浅的壳顶腔。

　　全世界有 5 属 11 种，我国已报道 5 种。

Hyotissa inermis（G. B. Sowerby Ⅱ，1871）

中文异名: 张扬罗锅蛤
同物异名: *Parahyotissa inermis*
产地: 菲律宾
规格（mm）: 67

第四篇

古异齿亚纲

PALAEOHETERODONTA Newell，1965

蚌科
UNIONIDAE Rafinesque，1820

　　壳中大型，近圆形、长柱形；左右两壳相称；壳顶常被腐蚀；壳表面一般具有同心圆状或锯齿状的花纹，或者具有肋状突起、瘤状结节及放射形或同心圆形的色带；外韧带，铰合部变化大，左壳有 2 枚拟主齿及 2 枚侧齿，右壳有 1 枚拟主齿及 1 枚侧齿，或者仅具有侧齿。

　　栖息于淡水水域，全世界有约 700 种，我国已报道 82 种。

圆头楔蚌
Cuneopsis heudei（M. Heude, 1874）

中文异名: 韩氏楔蚌
产地: 中国湖南
规格（mm）: 85

椭圆丽蚌
Lamprotula gottschei（von Martens, 1894）

中文异名: 郭氏蚌
产地: 中国浙江宁波
规格（mm）: 56

背瘤丽蚌

Lamprotula leai（Griffith & Pidgeon，1833）

中文异名: 李氏蚌
产地: 中国浙江宁波
规格（mm）: 55

剑状矛蚌

Lanceolaria gladiola（M. Heude, 1877）

产地: 中国浙江台州三门
规格（mm）: 57

射线裂脊蚌

Schistodesmus lampreyanus（Baird & Adams, 1867）

中文异名: 油光蚌
产地: 中国浙江宁波
规格（mm）: 70

圆顶珠蚌
Unio douglasiae（Griffith & Pidgeon, 1833）

中文异名: 道氏蚌
产地: 中国浙江
规格（mm）: 47

第五篇

异齿亚纲

HETERODONTA Neumayr，1884

满月蛤科
LUCINIDAE Fleming，1828

壳中小型，圆形，壳质较厚；左右两壳相称，两侧不等；壳顶低平，位于背侧近中央处，壳表面平滑，有细致的生长纹，小月面深凹；壳内面色浅，铰合部有主齿 2 枚，后主齿大而分叉，前、后各有 1 枚侧齿；前闭壳肌痕狭，长椭圆形，大部分与外套线分离；后闭壳肌痕圆形，无外套窦。

栖息在潮间带至深海的泥沙滩海底。全世界有 100 属约 400 种，我国报道 23 种。

无齿蛤
Anodontia edentula（Linnaeus, 1758）

中文异名: 无齿满月蛤
产地: 中国海南东沙
规格（mm）: 24

澳蛤
Austriella corrugata（G. P. Deshayes, 1843）

中文异名: 皱满月蛤
产地: 菲律宾
规格（mm）: 38

隐织纹蛤
Chavania striata（S. Tokunaga，1906）

中文异名: 布纹满月蛤
同物异名: *Wallucina striata*
产地: 中国浙江
规格（mm）: 8.2

长格厚大蛤
Codakia tigerina（Linnaeus，1758）

中文异名: 满月蛤
产地: 菲律宾
规格（mm）: 89

Divaricella ornatissima（A. D. d' Orbigny，1846）

中文异名: 美纹满月蛤
产地: 菲律宾
规格（mm）: 11

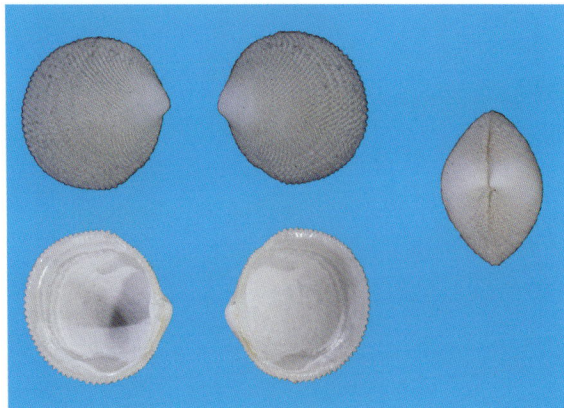

Dulcina karubari Von Cosel & Bouchet, 2008

中文异名: 卡氏满月蛤
产地: 中国浙江
规格（mm）: 32

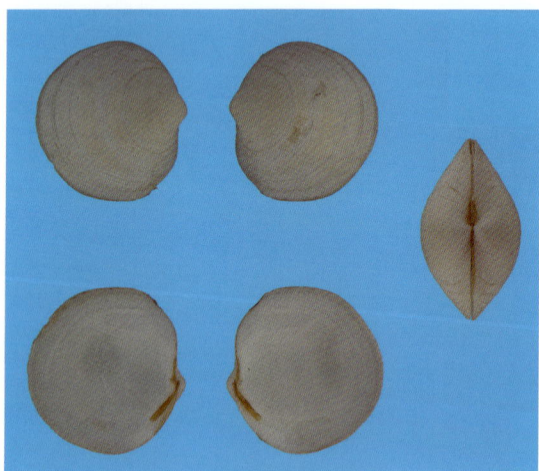

Loripes orbiculatus G. S. Poli, 1791

中文异名: 奶色满月蛤
同物异名: *Loripes lacteus*
产地: 西班牙
规格（mm）: 20

尖扁满月蛤
Lucinoma acutilineatum（T. A. Conrad, 1849）

产地: 中国浙江
规格（mm）: 11

Lucinoma yoshidai（T. Habe，1958）

中文异名: 吉田满月蛤
产地: 中国东海
规格（mm）: 45

猿头蛤科
CHAMIDAE Lamarck，1809

　　壳中型，壳形不规则，壳质坚硬、厚实；壳顶近前方，卷转呈螺旋形或近螺旋形；左壳或右壳固着，固着的壳较大，凹陷深，另一壳较小，微凸，形如盖；壳表面常有鳞片或棘刺，外韧带；铰合部宽厚，固着的壳有 2 枚由 1 个齿槽分开的主齿，非固着的壳有 1 枚或 2 枚主齿；闭壳肌痕强大；外套痕完整。

　　海产，生活在亚热带或热带海潮间带及浅海，大多固着在珊瑚礁或岩石上。全世界有 6 属 70 种，我国已报道 17 种。

Chama brassica L. A. Reeve, 1847

中文异名: 甘蓝猴头蛤
同物异名: *Chama brassica brassica*
产地: 菲律宾
规格（mm）: 74

敦氏猿头蛤
Chama dunkeri C. E. Lischke, 1870

中文异名: 敦氏猴头蛤
产地: 菲律宾
规格（mm）: 59

Chama iostoma T. A. Conrad, 1837

中文异名: 紫缘猴头蛤
产地: 菲律宾
规格（mm）: 45

Chama lazarus Linnaeus，1758

中文异名: 菊花偏口蛤
产地: 菲律宾
规格（mm）: 66

Chama lazarus Linnaeus，1758

中文异名: 菊花偏口蛤
产地: 越南
规格（mm）: 56

鼬眼蛤科（袖口蛤科）
GALEOMMATIDAE Gray，1840

壳小型，壳质薄，左右两壳膨凸，通常腹面开口；铰合部弱，铰合齿无或小。常与其他无脊椎动物共生。全世界有 12 亚科 153 属 620 余种，我国已报道约 10 种。

Scintilla philippinensis G. P. Deshayes，1856

中文异名：菲律宾袖扣蛤
产地：菲律宾
规格（mm）：12

股蛤科
GAIMARDIIDAE Hedley，1916

　　壳小型，圆形或椭圆形，壳薄，左右两壳稍膨胀；壳表面光滑，生长纹细密，一般无放射肋。

　　从蚕豆蛤科的股蛤属（Gaimardia）提升为科。冷水性种，全世界已报道 10 种。

特拉普股蛤
Gaimardia trapesina（Lamarck，1819）

产地: 阿根廷
规格（mm）: 19

心蛤科
CARDITIDAE Fleming，1820

　　壳小型，卵圆形、长椭圆形，壳质较坚硬、厚实；壳顶高而尖，通常前倾；有小而深的小月面，其边界有一浅沟；壳表面常有各种颜色的斑纹，生长线明显，放射肋粗壮；壳内面色浅，铰合部大，左壳有斜行主齿 2 ～ 3 枚，侧齿 1 ～ 2 枚，右壳 3 枚主齿，侧齿发育不全；外套线完整，无外套窦；前、后闭壳肌痕明显。

　　寒带至热带海洋中均有分布，热带种类较多。生活在潮间带至浅海，营底上附着或半潜入底内生活，常以足丝附着在岩石和珊瑚礁上生活。全世界有 23 属约 140 种，我国已报道 14 种。

Carditamera affinis（G. B. Sowerby Ⅰ，1833）

中文异名：船形算盘蛤
同物异名：*Cardita affinis*
产地：巴拿马
规格（mm）：37

Cardita excavata G. P. Deshayes，1854

中文异名：倒刺算盘蛤
产地：澳大利亚
规格（mm）：23

东海胀心蛤
Cardita kyushuensis（T. Okutani, 1963）

同物异名: *Glans kyushuensis*
产地: 中国浙江
规格（mm）: 11

斜纹心蛤
Cardita leana W. R. Dunker, 1860

产地: 中国浙江温州南麂岛
规格（mm）: 26

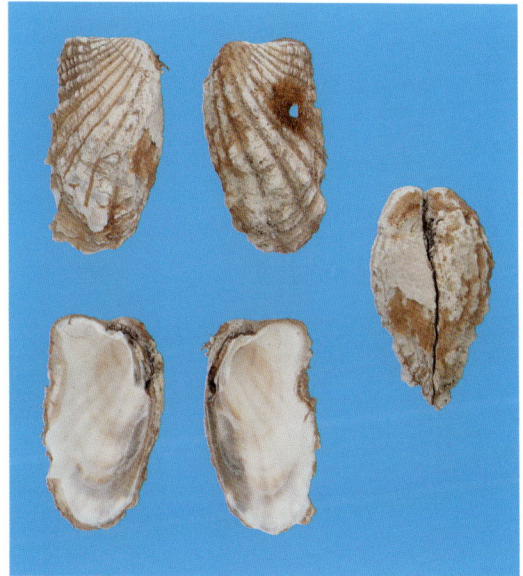

Cardites antiquatus（Linnaeus, 1758）

中文异名: 古董算盘蛤
产地: 意大利
规格（mm）: 22

Cardites bicolor（Lamarck，1819）

中文异名: 双色算盘蛤
产地: 菲律宾
规格（mm）: 34

Cardites canaliculatus（L. A. Reeve, 1843）

中文异名: 大隙算盘蛤
产地: 菲律宾
规格（mm）: 26

Cardites floridanus（T. A. Conrad, 1838）

中文异名: 佛罗里达算盘蛤
产地: 美国
规格（mm）: 28

Cardites laticostatus（G. B. Sowerby Ⅰ, 1833）

中文异名: 宽肋算盘蛤
产地: 巴拿马
规格（mm）: 37

平濑胀心蛤
Centrocardita hirasei（W. H. Dall, 1918）

中文异名: 平濑橡实蛤
同物异名: *Glans hirasei*
产地: 中国东海
规格（mm）: 23

相模湾胀心蛤
Centrocardita sagamiensis（Kuroda & Habe in Habe, 1961）

同物异名: *Glans sagamiensis*
产地: 中国东海
规格（mm）: 22

Cyclocardia beebei（L. G. Hertlein，1958）

中文异名: 毕比算盘蛤
同物异名: *Cardites beebei*
产地: 巴拿马
规格（mm）: 14

Megacardita turgida（Lamarck，1819）

中文异名: 吉达算盘蛤
产地: 菲律宾
规格（mm）: 36

Purpurocardia bimaculata（G. P. Deshayes，1854）

中文异名: 黄豆算盘蛤
同物异名: *Venericardia bimaculata*
产地: 澳大利亚
规格（mm）: 13

厚壳蛤科
CRASSATELLIDAE Férussac，1822

壳中型，近四方形，壳质特别坚硬、厚实；左右两壳侧扁，前端圆，后端截平；壳表面具波纹状同心刻纹；铰合部宽、厚，左壳2枚主齿、1枚前侧齿、2枚后侧齿，右壳3枚主齿、2枚前侧齿、1枚后侧齿；侧齿常呈片状或发育不全。

暖水性种，生活于热带和亚热带海洋的浅水区。全世界有13属85种，国内已报道5种。

尖硬厚壳蛤
Bathytormus foveolatus（G. B. Sowerby, 1870）

产地：中国南海
规格（mm）：58

Chattina picta（A. Adams & Reeve, 1848）

中文异名：彩绘厚壳蛤
产地：菲律宾
规格（mm）：17

Chattina rikae（K. L. Lamprell, 2003）

中文异名: 丽姬厚壳蛤
产地: 菲律宾
规格（mm）: 10

鸟蛤科（鸟尾蛤科）
CARDIIDAE Lamarck，1809

　　壳小型至中大型，扇形、心脏形，左右两壳通常较膨胀，多数种类壳长大于壳高；壳表面平滑，或有明显的放射肋鳞片，有时有棘刺，边缘具有锯齿状缺刻；铰合部各有 1 ～ 2 枚圆锥状或钩状主齿，左壳具前、后侧齿各 1 枚、右壳前侧齿 2 枚，后侧齿 1 枚，铰齿有时萎缩或消失；前、后肌痕相等，外套线完整无窦；外套窦浅。

　　世界性种，栖息于潮间带至浅海沙质底。全世界有 6 亚科 36 属 250 余种，我国已报道 75 种。

粗糙鸟蛤
Acrosterigma impolitum（G. B. Sowerby Ⅱ，1834）

中文异名: 柏氏糙鸟蛤
产地: 菲律宾
规格（mm）: 26

Acrosterigma maculosum（W. Wood, 1815）

中文异名: 斑鸟蛤
产地: 印度
规格（mm）: 63

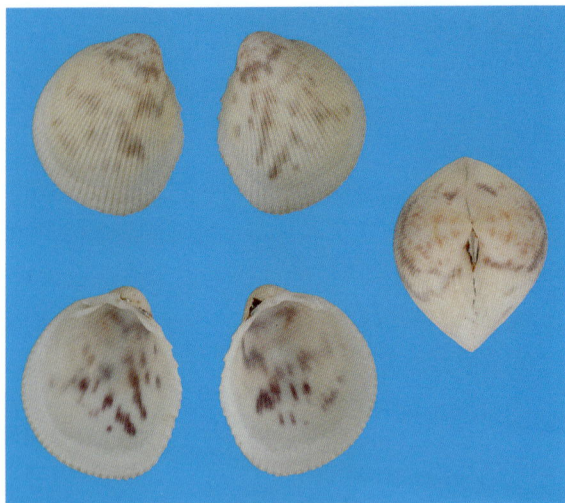

Acrosterigma simplex（L. Spengler, 1799）

中文异名: 简练鸟蛤
产地: 菲律宾
规格（mm）: 33

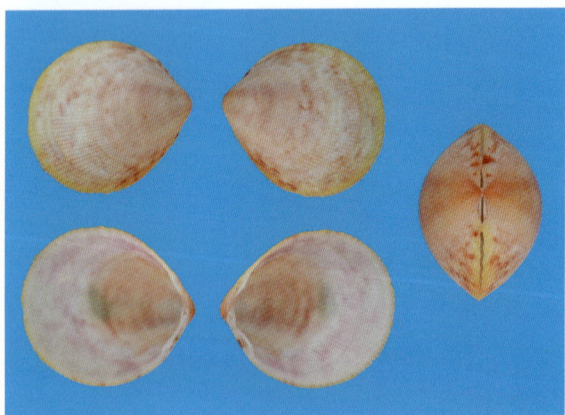

肥糙鸟蛤

Acrosterigma transcendens（Melvill & Standen, 1899）

中文异名: 横糙鸟蛤
产地: 菲律宾
规格（mm）: 23

Acrosterigma variegatum（G. B. Sowerby Ⅱ, 1840）

中文异名: 糊肋鸟尾蛤
产地: 菲律宾
规格（mm）: 50

Corculum aequale（G. P. Deshayes，1855）

中文异名: 团圆心鸟蛤
产地: 中国南海
规格（mm）: 40

Corculum aselae P. Bartsch，1947

中文异名: 阿蕾心鸟蛤
产地: 菲律宾
规格（mm）: 38

心鸟蛤
Corculum cardissa f. dionaeum（Broderip & G. B. Sowerby 1，1828）

中文异名: 女神鸡心蛤
产地: 菲律宾
规格（mm）: 46

心鸟蛤
Corculum cardissa f. lorenzi M. Huber, 2013

中文异名: 洛伦兹心鸟哈
产地: 菲律宾
规格（mm）: 48

Corculum impressum（J. Lightfoot, 1786）

中文异名: 镶边心鸟蛤
产地: 菲律宾
规格（mm）: 43

Corculum monstrosum（J. F. Gemlin, 1791）

中文异名: 莽氏心鸟蛤
产地: 菲律宾
规格（mm）: 42

强棘栉鸟蛤
Ctenocardia perornata（T. Iredale, 1929）

产地: 中国南海
规格（mm）: 33

小棘鸟蛤
Frigidocardium eos（T. Kuroda，1929）

产地: 中国东海
规格（mm）: 15

澳洲薄壳鸟蛤
Fulvia australis（G. B. Sowerby Ⅱ，1834）

中文异名: 南方鸟尾蛤
产地: 菲律宾
规格（mm）: 18

尖顶滑鸟蛤
Laevicardium attenuatum（G. B. Sowerby Ⅱ，1841）

中文异名: 金华鸟尾蛤
产地: 菲律宾
规格（mm）: 57

Laevicardium mortoni（T. A. Conrad, 1830）

中文异名: 魔顿氏鸟尾蛤
产地: 美国
规格（mm）: 15

Lunulicardia auricula（C. Niebuhr, 1775）

中文异名: 相似陷月鸟蛤
产地: 印度
规格（mm）: 35

Lyrocardium aurantiacum（A. Adams & Reeve, 1850）

中文异名: 桔红异纹鸟蛤
产地: 菲律宾
规格（mm）: 33

Lyrocardium lyratum（G. B. Sowerby II，1840）

中文异名: 斜纹鸟尾蛤
产地: 菲律宾
规格（mm）: 43

毛卵鸟蛤

Maoricardium setosum（J. H. Redfield，1846）

产地: 中国南海
规格（mm）: 59

Nemocardium pulchellum（Gray in Dieffenbach，1843）

中文异名: 美薄鸟蛤
产地: 新西兰
规格（mm）: 20

砂糙鸟蛤

Trachycardium arenicolum（L. A. Reeve, 1845）

产地: 中国海南
规格（mm）: 45

红心糙鸟蛤

Trachycardium egmontianum（R. J. Shuttleworth, 1856）

中文异名: 红心鸟尾蛤
产地: 美国
规格（mm）: 37

巴拿马糙鸟蛤

Trachycardium senticosum（G. B. Sowerby I, 1833）

中文异名: 巴拿马鸟尾蛤
产地: 厄瓜多尔
规格（mm）: 36

Vasticardium dupuchense（L. A. Reeve，1845）

中文异名: 都埔鸟蛤
产地: 澳大利亚
规格（mm）: 49

Vasticardium philippinense（C. Hedley，1899）

中文异名: 菲律宾鸟蛤
产地: 菲律宾
规格（mm）: 75

亚洲鸟蛤
Vepricardium asiaticum（J. B. Bruguière，1789）

产地: 中国南海
规格（mm）: 45

多刺鸟蛤

Vepricardium incarnatum（L. A. Reeve, 1844）

中文异名: 肉鸟蛤
异名: *Vepricardium multispinosum*
产地: 菲律宾
规格（mm）: 46

Vepricardium leve（H. E. Anton, 1938）

产地: 中国南海
规格（mm）: 30

蛤蜊科
MACTRIDAE Lamarck，1809

　　壳中等大，三角卵圆形或卵圆形，壳质通常较薄、脆，常具壳皮；壳顶多突出、前倾；小月面和楯面通常有明显的界线；壳表面光滑或有同心生长纹；铰合部有1个韧带槽，内韧带居其中；左壳有1枚分叉的主齿，侧齿1枚；右壳主齿、侧齿各2枚；外套窦通常深，圆形。

　　生活在砂质或泥沙质的潮间带和潮下带。全世界有5亚科35属180种，我国已报道42种。

红顶澳洲蛤蜊
Austromactra rufescens（Lamarck，1818）

中文异名：红顶马珂蛤
产地：澳大利亚
规格（mm）：51

Crassula aequilatera（L. A. Reeve，1854）

中文异名：异边马珂蛤
产地：新西兰
规格（mm）：38

圆蛤蜊
Cyclomactra ovata（Gray in Dieffenbach，1843）

中文异名：圆马珂蛤
产地：新西兰
规格（mm）：59

椭圆异心蛤
Heterocardia gibbosula G. P. Deshayes，1855

产地：中国浙江温州洞头
规格（mm）：49

厚獭蛤
Lutraria rhynchaena J. H. Jonas，1844

中文异名：厚水獭马珂蛤
产地：澳大利亚
规格（mm）：101

短蛤蜊

Mactra abbreviata (Lamarck, 1818)

中文异名: 短马珂蛤
产地: 澳大利亚
规格(mm): 43

玛瑙蛤蜊

Mactra achatina "Chemnitz" Holten, 1802

中文异名: 玛瑙马珂蛤
产地: 澳大利亚
规格(mm): 39

非常蛤蜊

Mactra contraria L. A. Reeve, 1854

中文异名: 非常马珂蛤
产地: 澳大利亚
规格(mm): 55

射线蛤蜊
Mactra corallina（Linnaeus，1758）

中文异名：射线马珂蛤
同物异名：*Mactra lacteal*
产地：英格兰
规格（mm）：19.3

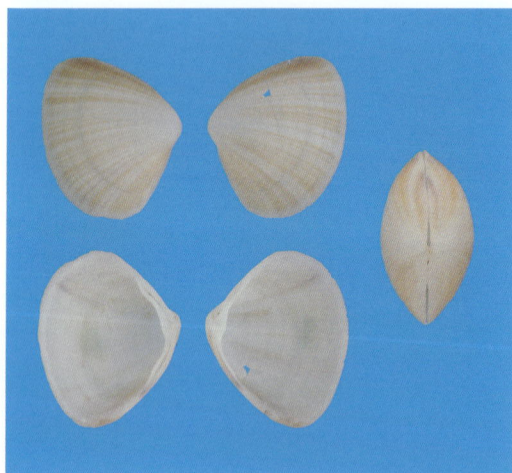

Mactra cuneata "Chemnitz" Gmelin, 1791

中文异名：河口马珂蛤
产地：菲律宾
规格（mm）：32

轮线蛤蜊
Mactra dissimilis L. A. Reeve, 1854

中文异名：轮线马珂蛤
产地：澳大利亚
规格（mm）：43

娇美蛤蜊
Mactra eximia L. A. Reeve, 1854

中文异名: 娇美马珂蛤
产地: 澳大利亚
规格（mm）: 70

大盘蛤蜊
Mactra explanata L. A. Reeve, 1854

中文异名: 大盘马珂蛤
产地: 澳大利亚
规格（mm）: 41

大蛤蜊
Mactra grandis "Chemnitz" Gmelin, 1791

中文异名: 大马珂蛤
产地: 澳大利亚
规格（mm）: 54

肉红蛤蜊
Mactra incarnata L. A. Reeve，1854

中文异名: 肉红马珂蛤
产地: 澳大利亚
规格（mm）: 53

彩虹蛤蜊
Mactra iridescens Kuroda & Habe in Habe，1958

产地: 中国浙江温州南麂岛
规格（mm）: 23

Mactra maculata "Chemnitz" Gmelin，1791

中文异名: 花斑马珂蛤
产地: 菲律宾
规格（mm）: 58

南澳洲蛤蜊
Mactra pura L. A. Reeve, 1854

中文异名: 南澳洲马珂蛤
产地: 澳大利亚
规格（mm）: 43

丝绸蛤蜊
Mactra sericea L. A. Reeve, 1854

中文异名: 丝绸马珂蛤
产地: 澳大利亚
规格（mm）: 68

凸顶蛤蜊
Mactra turgida (J. F. Gmelin, 1791)

中文异名: 凸顶马珂蛤
产地: 澳大利亚
规格（mm）: 58

北极厚蛤蜊

Mactromeris polynyma（W. Stimpson, 1860）

中文异名: 北极马珂蛤, 美国海螂
同物异名: *Spisula polynyma*
产地: 日本
规格（mm）: 103

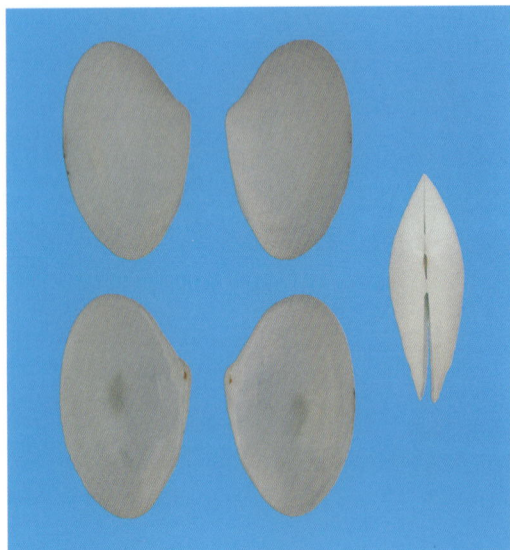

Mactrotoma angulifera（L. A. Reeve, 1854）

中文异名: 安圭马珂蛤
产地: 菲律宾
规格（mm）: 28

透明立蛤

Meropesta pellucida（ "Chemnitz" Gmelin, 1791）

产地: 中国广西钦州
规格（mm）: 63
备注: 仅采到空壳。

北方厚蛤蜊
Spisula sachalinensis（L. I. von Schrenck，1861）

中文异名：萨哈林马珂蛤
同物异名：*Pseudocardium sachalinense*
产地：日本福冈
规格（mm）：85

坚固厚蛤蜊
Spisula solida（Linnaeus，1758）

中文异名：坚固马珂蛤
产地：西班牙
规格（mm）：27

三角厚蛤蜊
Spisula trigonella（Lamarck，1818）

中文异名：厚三角马珂蛤
产地：澳大利亚
规格（mm）：21

中带蛤科（尖峰蛤科）
MESODESMATIDAE Gray，1840

壳中小型，斧形，壳质通常较厚；壳表具有同心生长纹；铰合部宽，左壳主齿 1 枚，通常有前、后侧齿，右壳主齿 2 枚；外套窦浅。

营浅水底内生活。全世界有 9 属 30 种，我国已报道 7 种。

美丽朽叶蛤
Coecella formosae L. A. de Rooij–Schuiling，1972

产地：中国南海
规格（mm）：19

樱蛤科
TELLINIDAE Blainville，1814

　　壳中、小型，壳质较薄、脆，多呈椭圆形或三角形；左右两壳不相称，壳后端稍开口，多数种壳后端稍向右方弯曲，并具有放射褶；壳表面光滑，具光泽，有极细的生长轮脉或粗的生长纹；外韧带明显，多呈褐色；壳内面色浅，铰合部 2 枚主齿；左壳的前主齿及右壳的后主齿较大，并明显分叉；侧齿有或无；外套窦深，多与外套线汇合。

　　种类较为丰富，世界寒、温、热带各海都有分布。全世界有 9 亚科 107 属 550 余种，我国已报道 105 种，南北沿海都有分布，并常为潮间带和潮下带动物区系的主要组成部分。

蚶叶蛤
Arcopaginula inflata（J. F. Gmelin，1791）

中文异名：胀樱蛤
产地：中国东海
规格（mm）：14

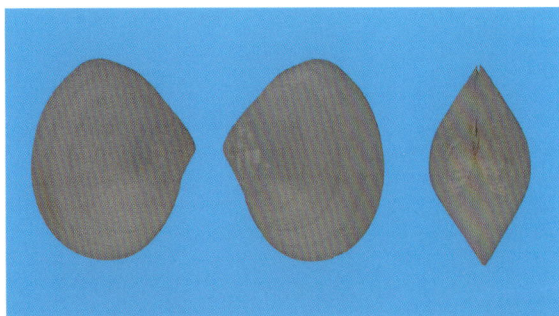

拟深海樱蛤
Bathytellina abyssicola（T. Habe，1958）

产地：中国浙江
规格（mm）：16

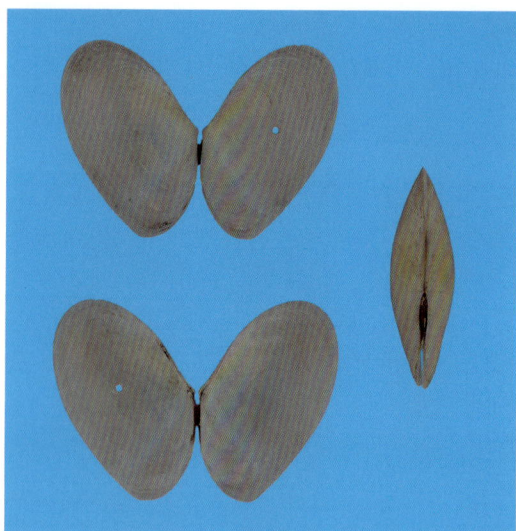

深海樱蛤
Bathytellina citrocarnea Kuroda & Habe, 1958

产地: 中国浙江
规格（mm）: 16

Florimetis dombei（S. C. T. Hanley, 1844）

中文异名: 多贝樱蛤
产地: 巴拿马
规格（mm）: 34

斜纹甲克蛤
Jactellina obliquistriata（L. A. Reeve, 1869）

中文异名: 斜纹樱蛤
产地: 中国东海
规格（mm）: 12

幼吉樱蛤
Jitlada juvenilis（S. C. T. Hanley，1844）

中文异名: 刀明樱蛤
同物异名: *Moerella culter*
产地: 中国海南
规格（mm）: 13

北海白樱蛤
Macoma balthica（Linnaeus，1758）

中文异名: 北海樱蛤
产地: 苏格兰
规格（mm）: 22

瓜子白樱蛤
Macoma limula W. H. Dall，1895

中文异名: 南瓜子樱蛤
产地: 美国
规格（mm）: 22

浅黄白樱蛤
Macoma tokyoensis J. Makiyama, 1927

产地：中国台湾
规格（mm）：34

马岛拟白樱蛤
Macomopsis maluccensis（C. E. von Martens, 1865）

中文异名：马岛蜊樱蛤、马六甲樱蛤
同物异名：*Tellinimactra maluccensis*
产地：中国浙江
规格（mm）：15

江户明樱蛤
Moerella jedoensis（C. E. Lischke, 1872）

产地：中国浙江温州
规格（mm）：22

亮樱蛤
Nitidotellina nitidula（W. R. Dunker，1860）

产地: 中国浙江舟山嵊泗
规格（mm）: 20

虹光亮樱蛤
Nitidotellina valtonis（S. C. T. Hanley，1844）

同物异名: *Nitidotellina iridella*
产地: 中国浙江
规格（mm）: 21

美女白樱蛤
Psammacoma candida（Lamarck，1818）

同物异名: *Macoma candida*
产地: 中国浙江
规格（mm）: 71

长白樱蛤
Macoma fallax v. Bertin, 1878

产地: 中国浙江
规格（mm）: 57

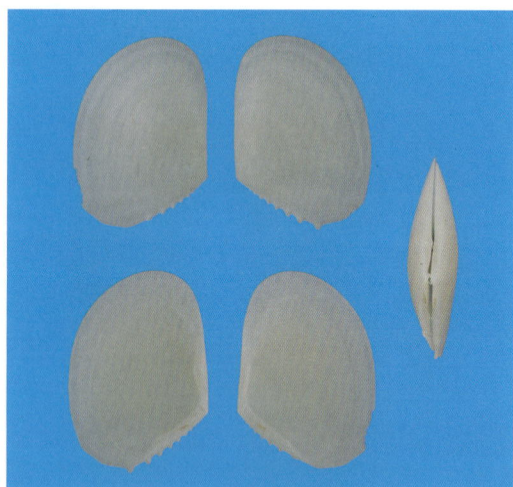

方樱蛤
Quadrans gargadia（Linnaeus, 1758）

中文异名: 边刺樱蛤
产地: 菲律宾
规格（mm）: 25

Scutarcopagia linguafelis（Linnaeus, 1758）

中文异名: 猫舌樱蛤
产地: 菲律宾
规格（mm）: 43

Serratina resecta（G. P. Deshayes，1855）

中文异名: 三角樱蛤
产地: 澳大利亚
规格（mm）: 34

Tellina australis（G. P. Deshayes，1854）

中文异名: 南方樱蛤
产地: 澳大利亚
规格（mm）: 19

Tellina compacta E. A. Smith, 1885

中文异名: 压缩樱蛤
产地: 中国浙江
规格（mm）: 11.2

Tellina cumingii C. Hedley, 1844

中文异名: 黑斑樱蛤
产地: 巴拿马
规格（mm）: 37

Tellina cumingii argis A. A. Olsson, 1971

中文异名: 淡斑樱蛤
产地: 巴拿马
规格（mm）: 41

Tellina fabula J. F. Gmelin, 1791

中文异名: 北欧樱蛤
产地: 德国
规格（mm）: 19

Tellina liliana T. Iredale, 1915

中文异名: 李氏樱蛤
产地: 新西兰
规格（mm）: 41

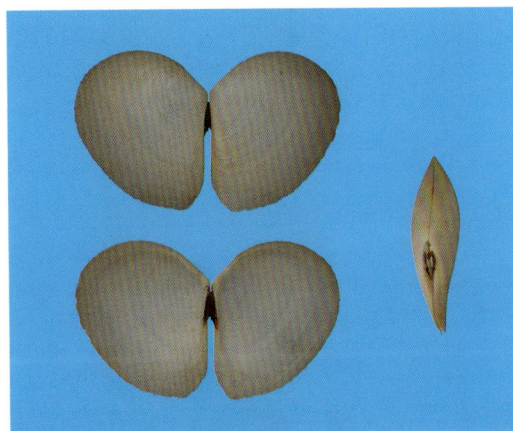

Tellina listeri P. F. Röding, 1798

中文异名: 里氏樱蛤
产地: 巴拿马
规格（mm）: 26

Tellina mantaensis Pilsbry & Olsson, 1943

中文异名: 梅屯樱蛤
产地: 巴拿马
规格（mm）: 19

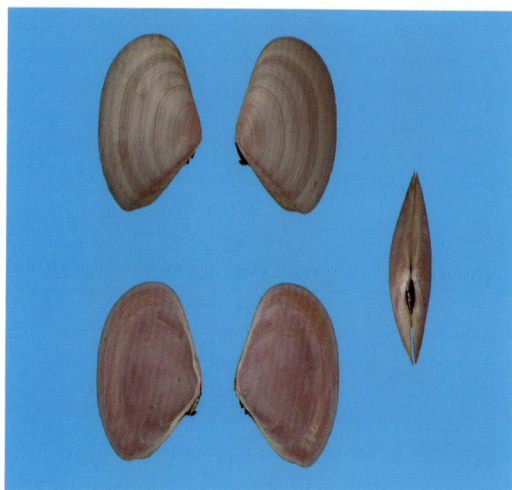

Tellina prora (S. C. T. Hanley, 1844)

中文异名: 红缨樱蛤
同物异名: *Eurytellina prora*
产地: 巴拿马
规格（mm）: 46

Tellina tenuis da Costa, 1778

中文异名: 粉红樱蛤
产地: 土耳其
规格（mm）: 15

Tellina tithonia A. A. Gould, 1856

中文异名: 天梭樱蛤
产地: 玻利尼西亚
规格(mm): 19

Tellina tokunagai(N. Ikebe, 1936)

中文异名: 德氏樱蛤
产地: 菲律宾
规格(mm): 47

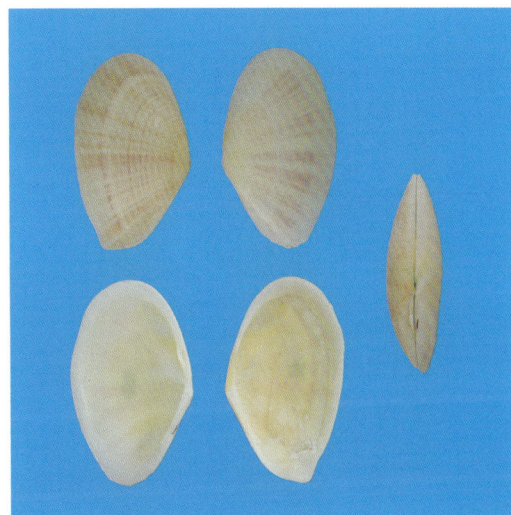

散纹小樱蛤
Tellina virgata Linnaeus, 1758

中文异名: 日光樱蛤
产地: 菲律宾
规格(mm): 42

Tellinella verrucosa（S. C. T. Hanley, 1844）

中文异名: 疣樱蛤
产地: 菲律宾
规格（mm）: 23

Tellinides ovalis G. B. Sowerby Ⅰ, 1825

中文异名: 卵小樱蛤
产地: 菲律宾
规格（mm）: 20

Tellinides timorensis（Lamarck, 1818）

中文异名: 帝汶樱蛤
产地: 菲律宾
规格（mm）: 51

斧蛤科
DONACIDAE Fleming，1828

　　壳小型，斧状，壳质坚硬；左右两壳相称，前后两侧不等，壳顶位于后方；壳表面光滑或具放射肋纹；主齿 2 枚，侧齿有变化，通常右壳具侧齿；外套窦深。

　　多在潮间带生活。全世界有 4 属 100 余种，我国已报道 9 种。

Donax erythraeensis v. Bertin, 1881

中文异名: 红海斧蛤
产地: 菲律宾
规格（mm）: 16

Donax semisulcatus S. C. T. Hanley, 1843

中文异名: 半刻斧蛤
产地: 菲律宾
规格（mm）: 14

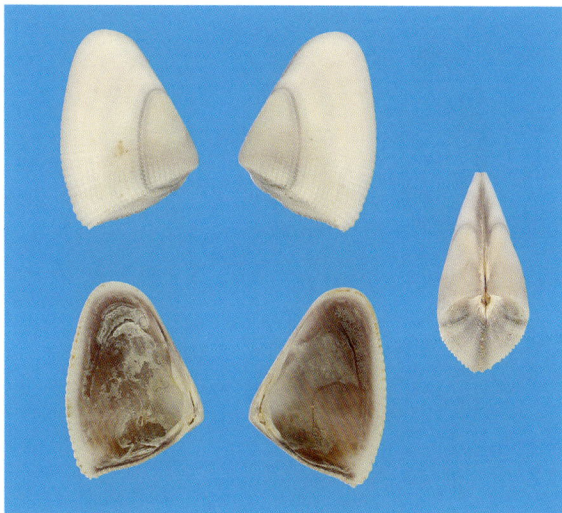

紫云蛤科
PSAMMOBIIDAE Deshayes，1839

　　壳中、大型，椭圆形、圆形，壳质较薄；左右两壳相称，前后两侧不等；壳顶微凸，多数种壳前端和后端有开口，两壳不能完全闭合；壳表面光滑，或具细刻纹，常被有一层较薄的壳皮，多呈深褐色或浅褐色等；壳内面色浅，略具光泽；铰合部宽大，主齿 2 枚，左壳前主齿和右壳后主齿较大且常裂开，一般无侧齿；肌痕一般较明显，外套窦宽而较深，全部或部分与外套线汇合。

　　海产，有些种生活在低盐的河口附近，寒、温、热带各海都有分布。全世界有 8 属 100 余种，我国报道 33 种。

Gari amethystus（W. Wood，1815）

中文异名：紫罗兰紫云蛤
产地：菲律宾
规格（mm）：24

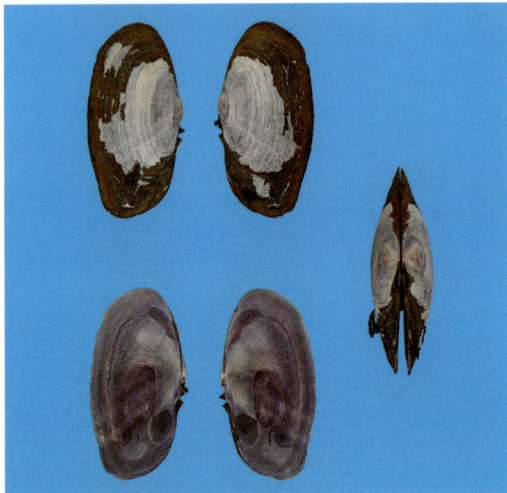

长紫蛤
Gari elongata（Lamarck，1818）

同物异名：*Sanguinolaria elongata*
产地：中国南海
规格（mm）：30

砂栖蛤
Gari kazusensis（M. Yokoyama，1922）

产地：中国山东
规格（mm）：59

Gari occidens（"Chemnitz" Gmelin，1791）

中文异名：大洋紫云蛤
产地：菲律宾
规格（mm）：61

苍白紫云蛤
Gari pallida（G. P. Deshayes，1855）

中文异名：瑞氏紫云蛤
同物异名：*Gari reevei*
产地：菲律宾
规格（mm）：22

Gari pulcherrima（G. P. Deshayes，1855）

中文异名: 美色紫云蛤

产地: 菲律宾

规格（mm）: 24

尖紫蛤

Sanguinolaria acuta（Cai & Zhuang，1985）

中文异名: *Hiatula acuta*

产地: 中国南海

规格（mm）: 82

Sanguinolaria atrata L. A. Reeve, 1857

产地: 越南

规格 (mm): 30

栗紫蛤
Sanguinolaria castanea Scarlato, 1965

产地: 中国南海

规格 (mm): 31

Soletellina adamsii L. A. Reeve, 1857

中文异名: 亚当紫云蛤

产地: 菲律宾

规格 (mm): 57

双带蛤科（唱片蛤科）
SEMELIDAE Stoliczka，1870

　　壳小型，壳质坚硬、较薄；前端圆，后端截形或喙状，微开口；壳表面具生长线，少数具放射刻纹；铰合部具 1 枚或 2 枚主齿，具内、外韧带，外套窦深。

　　全世界有 15 属 150 余种，我国已报道 22 种。

Abra alba W. Wood, 1802

中文异名: 白色唱片蛤
产地: 荷兰
规格（mm）: 18

Abra kyurokusimana（Nomura & Hatai，1940）

中文异名: 阿布蛤
产地: 中国东海
规格（mm）: 8.2

Abra soyoae T. Habe, 1958

中文异名: 苍鹰唱片蛤
产地: 菲律宾
规格（mm）: 11

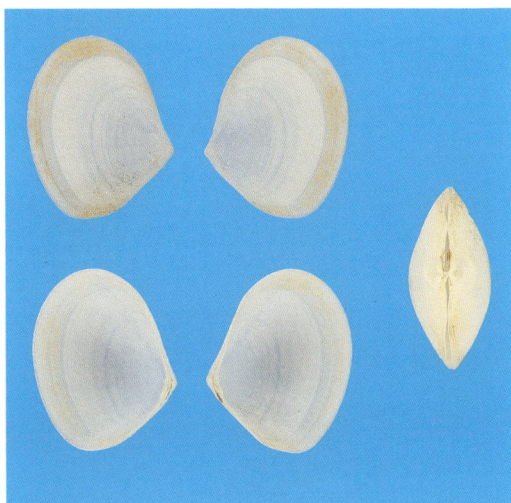

小月阿布蛤
Abrina lunella（A. A. Gould, 1861）

中文异名: 月白唱片蛤
同物异名: *Abra lunella*
产地: 中国东海
规格（mm）: 9.2

白双带蛤
Semele proficus（R. Pulteney, 1799）

中文异名: 白唱片蛤
产地: 日本
规格（mm）: 39

Semele zebuensis（S. C. T. Hanley, 1844）

中文异名: 宿务唱片蛤
产地: 菲律宾
规格（mm）: 35

截蛏科
SOLECURTIDAE d'Orbigny，1846

　　壳中型，长方形，壳质较脆、薄，两壳不能完全闭合，前、后端有开口；壳表面被有壳皮，有细密的生长纹和细放射纹或分枝的细斜纹；左壳主齿 1 枚，右壳主齿 2 枚，无侧齿；闭壳肌痕明显，外套窦清楚。

　　分布于印度洋 – 太平洋海区，多栖息于潮间带至浅海沙或泥沙质海底，营穴居生活。全世界有 4 属约 40 种，我国已报道 10 种。

Azorinus coarctatus J. F. Gmelin，1791

中文异名: 皮截蛏
产地: 菲律宾
规格（mm）: 33

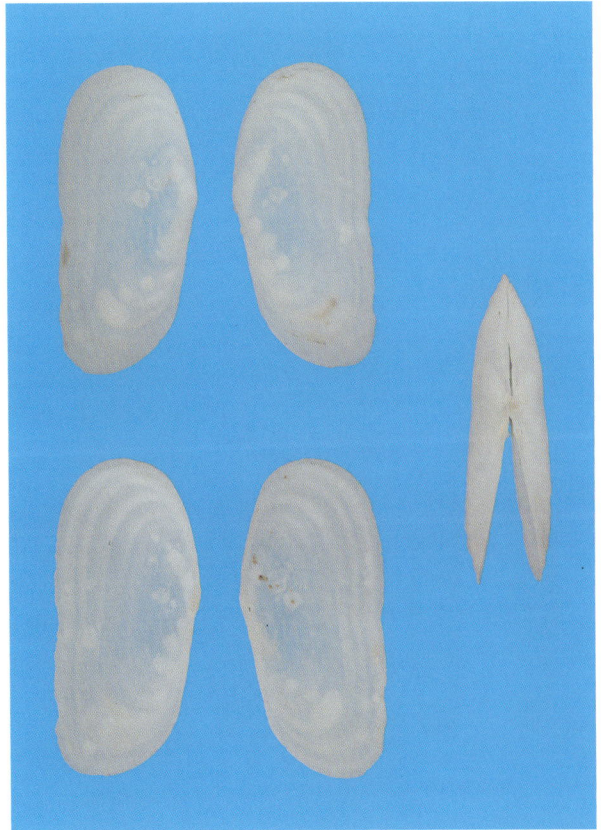

Azorinus scheepmakeri（W. R. Dunker, 1852）

中文异名: 司氏截蛏
产地: 菲律宾
规格（mm）: 30

Tagelus bourgeoisae L. G. Hertlein, 1951

中文异名: 薄吉丝截蛏
产地: 巴拿马
规格（mm）: 29

灯塔蛏科
PHARELLIDAE Tryon，1884

　　壳中小型，长方形，壳质脆、薄，背腹缘近于平行，两壳闭合时前后端有开口，有粗糙的黄褐色或深褐色壳皮；铰合部小，左壳 3 枚主齿，右壳 2 枚主齿；外套窦深。

　　栖息于有少量淡水注入的内湾潮间带至浅海的软泥和泥沙质海底，穴居。从毛蛏科（Pharidae）灯塔蛏亚科（Pharellinae）提升到科。全世界有 2 属 7 种，我国已报道 4 种。

缢蛏
Sinonovacula lamarcki M. Huber, 2010

同物异名: *Sinonovacula constricta*
产地: 中国辽宁大连
规格（mm）: 102
备注: 有学者将缢蛏归属截蛏科。

齿灯塔蛏
Pharella acutidens（Broderip & G. B. Sowerby I, 1828）

产地: 中国南海
规格（mm）: 65

刀蛏科
CULTELLIDAE Davies，1935

　　壳中型，长椭圆形或刀形，壳质薄、脆；壳顶小，位于前部，背缘略直，腹缘圆而上弯，两端开口；壳表面被有薄的壳皮，铰合部有 1 ～ 3 枚主齿，闭壳肌痕明显。

　　从毛蛏科（Pharidae）刀蛏亚科（Cultellinae）提升到科。

　　主要栖息于潮间带至浅海的沙质海底，营埋栖生活。全世界有 16 属 60 余种，我国已报道 9 种，南北沿海均有分布。

Cultellus maximus（"Chemnitz" Gmelin，1791）

中文异名: 巨刀蛏
产地: 泰国
规格（mm）: 143

Cultellus lactus L. Spengler, 1817

产地: 中国福建厦门
规格（mm）: 125

Ensis directus（T. A. Conrad, 1843）

中文异名: 大西洋毛蛏
产地: 丹麦
规格（mm）: 136

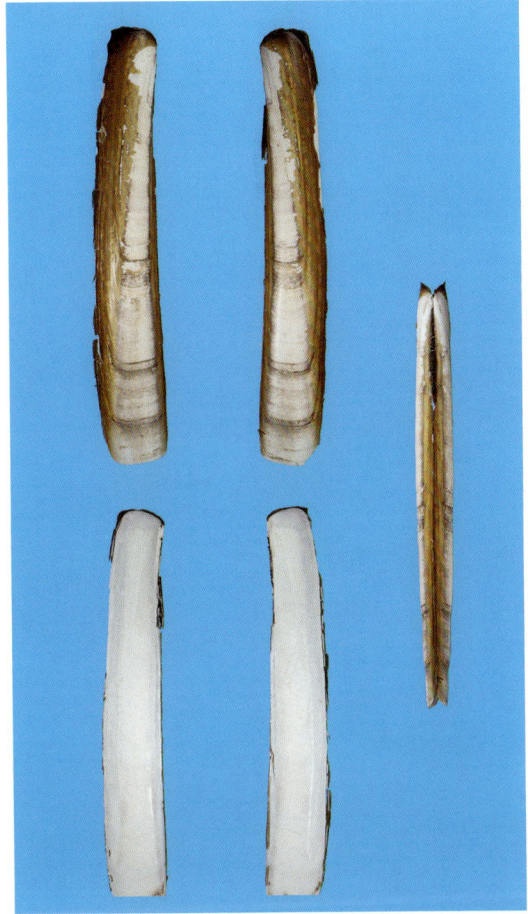

Ensis macha（G. I. Molina, 1782）

中文异名: 智利毛蛏
产地: 阿根廷
规格（mm）: 134

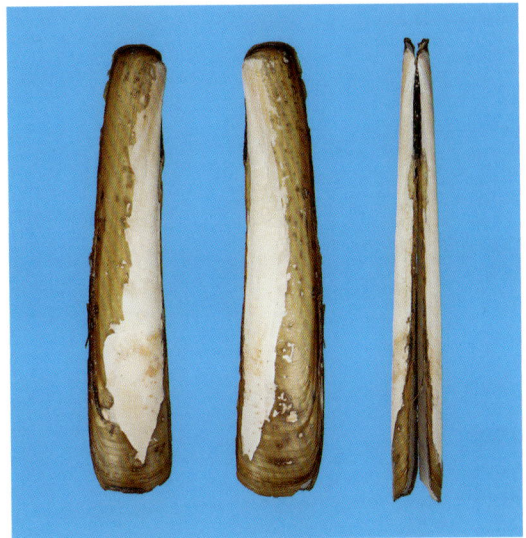

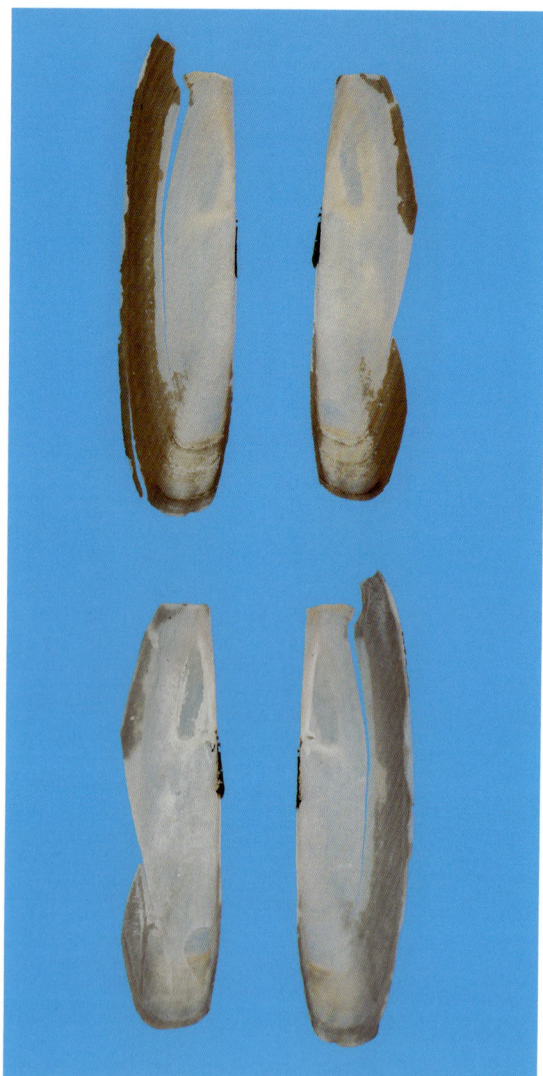

Pharus legumen（Linnaeus，1758）

中文异名: 豆荚毛蛏

产地: 意大利

规格（mm）: 57

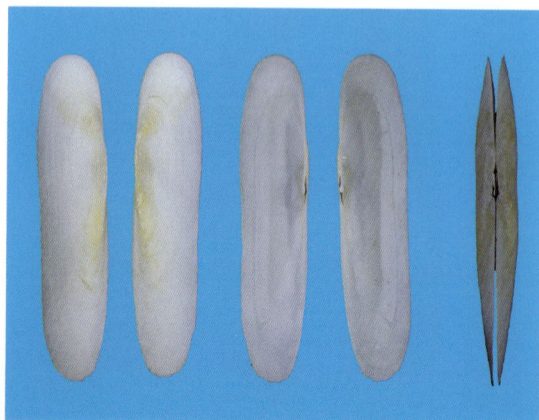

Phaxas hanleyi（W. R. Dunker，1862）

中文异名: 韩氏毛蛏

产地: 菲律宾

规格（mm）: 63

小荚蛏
Siliqua minima（J. F. Gmelin，1791）

产地: 中国浙江宁波象山
规格（mm）: 24

Siliqua radiata（Linnaeus，1758）

中文异名: 光芒毛蛏
产地: 泰国
规格（mm）: 58

竹蛏科
SOLENIDAE Lamarck，1809

　　壳中型，圆筒状，细长，壳质薄、脆；壳前、后缘为截形或圆形，背、腹缘平行或近平行；前、后端开口；壳顶小，位于背缘最前端或近前端；壳表面平滑，具光泽，有细的生长线纹；铰合部仅有主齿，一般 1～3 枚；前、后闭壳肌痕相距远，外套窦深。

　　分布于热带和温带，生活于潮间带至浅海的泥沙质海底，少数种类适于生活在盐度较低的河口附近或有少许淡水注入的内湾。全世界有 3 属 130 余种，我国已报道 17 种。

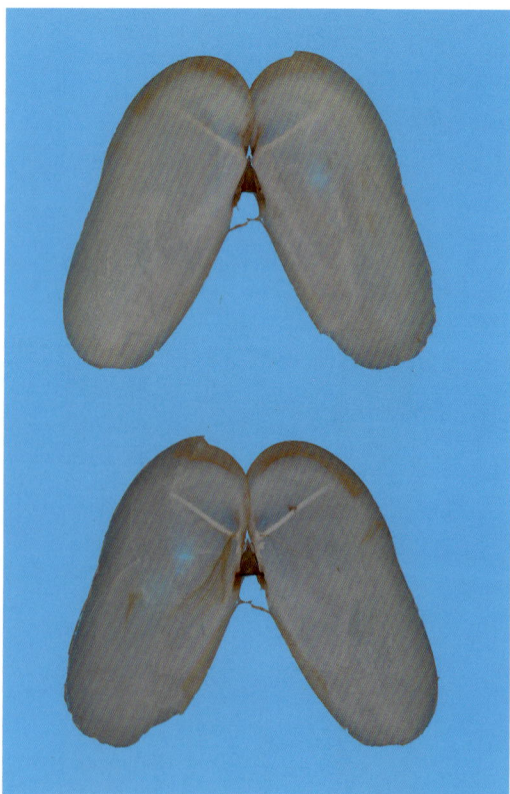

长圆荚蛏
Siliqua grayana（W. R. Dunker, 1862）

产地：中国浙江宁波

规格（mm）：18

Solen digitalis F. P. Jousseaume, 1891

产地：中国南海

规格（mm）：59

Solen gemmelli R. von Cosel，1992

中文异名: 宝石竹蛏
产地: 巴拿马
规格（mm）: 35

大竹蛏
Solen grandis W. R. Dunker，1862

产地: 中国辽宁大连
规格（mm）: 105

Solen krusensternii L. I. von Schrenck，1867

产地: 中国东海
规格（mm）: 94

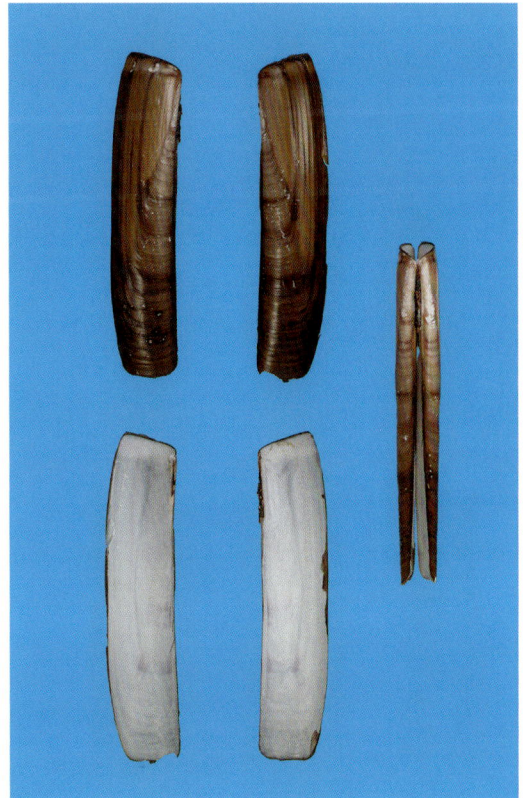

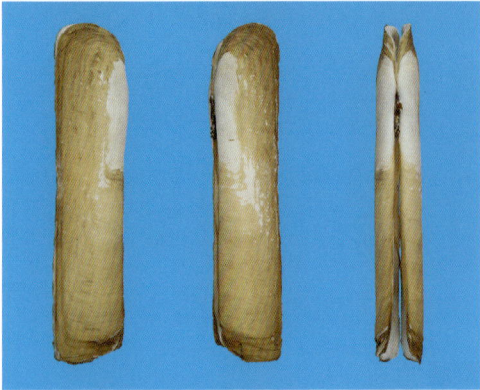

Solen rudis（C. B. Adams，1852）

中文异名: 粗皮竹蛏
产地: 巴拿马
规格（mm）: 85

Solen soleneae R. von Cosel, 2002

同物异名: *Solen solenae*
产地: 中国南海
规格（mm）: 42

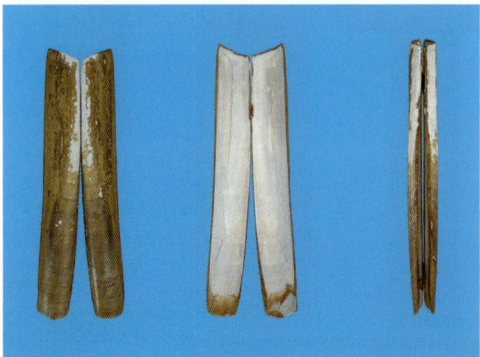

长竹蛏
Solen strictus A. A. Gould, 1861

产地: 中国福建厦门
规格（mm）: 90

棱蛤科
TRAPEZIIDAE Lamy，1920

　　壳中型，长卵圆形或近四边形，壳质坚硬，稍厚；左右两壳相称，两侧不等；壳顶近前端，外韧带；壳表面生长纹较粗糙；壳内面白色，壳后端常具紫色；铰合部有 2 枚主齿，侧齿 1 枚；外套肌痕简单、清楚。

　　生活在潮间带的岩礁或珊瑚礁间。全世界有 5 属 12 种，我国报道 7 种。

斑纹棱蛤
Neotrapezium liratum（L. A. Reeve，1843）

同物异名：*Trapezium liratum*
产地：海南海口东寨港
规格（mm）：20

亚光棱蛤
Neotrapezium sublaevigatum（Lamarck，1819）

同物异名：*Trapezium sublaevigatum*
产地：广西北海
规格（mm）：25

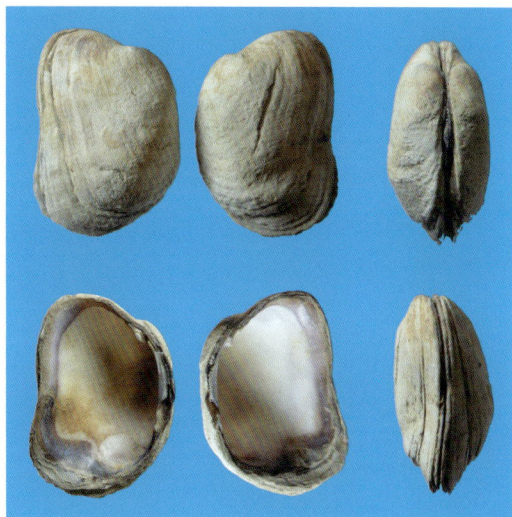

同心蛤科
GLOSSIDAE Gray，1847

壳中型，近球形，壳质厚实，左右两壳膨凸；壳顶内卷、前倾；壳表面常具红褐色壳皮。生活在浅海。全世界有 2 属约 100 种，我国已报道约 10 种。

矩形同心蛤
Meiocardia hawaiana（Dall, Bartsch & Rehder, 1938）

同物异名: *Meiocardia tetragona*
产地: 中国东海
规格（mm）: 20

拉氏同心蛤
Meiocardia lamarckii（L. A. Reeve, 1845）

产地: 中国东海
规格（mm）: 25

龙骨同心蛤

Meiocardia samarangiae Bernard, Cai & Morton, 1993

中文异名: 东亚同心蛤
产地: 中国东海
规格 (mm): 25

蚬科
CORBICULIDAE Gray，1847

壳中小型，两壳膨凸，圆形或近三角形，壳质坚硬、厚实；左右两壳相称，前后两侧略相等；壳表面具有发达的角质层，壳面呈黄褐色、棕褐色、黑褐色，有光泽，具有同心圆的粗糙轮脉；外韧带深褐色；铰合部具有 3 枚主齿及前、后侧齿，侧齿上端呈锯齿状。

栖息于淡水及咸淡水的水域，主要生活于河流及湖泊内，底质为泥底、泥沙底、沙底，我国南北江河、湖泊、沟渠或池塘有分布。全世界有 6 属 120 余种，我国已报道 25 种。

Corbicula manilensis（R. A. Philippi，1844）

产地：中国广西龙州
规格（mm）：23

刻纹蚬
Corbicula solidula T. Prime，1861

产地：日本
规格（mm）：23

Geloina bengalensis（Lamarck，1818）

中文异名: 孟加拉蚬
产地: 印度
规格（mm）: 56

Geloina erosa（J. Lightfoot，1786）

产地: 中国南海
规格（mm）: 55

歪树蚬

Geloina expansa（J. R. A. Mousson，1849）

中文异名: 歪红树蚬
产地: 中国广西北海
规格（mm）: 57

帘蛤科
VENRERIDAE Rafinesque，1815

壳小型到大型，圆形、卵圆形或三角形，壳质较坚硬；左右两壳相称，前后两侧近相等或不等；壳表面一般有花纹，同心生长轮脉明显，一般具放射肋或棘刺；具外韧带，小月面、楯面明显；铰合部发达，有主齿 3 枚；前、后闭壳肌痕近相等，外套窦钝，三角形。

栖息于潮间带至浅海沙和泥沙质海底，从寒带至热带都有分布。全世界有 11 亚科 95 属约 680 种，我国已报道 118 种。

Antigona laqueata（G. B. Sowerby Ⅱ, 1853）

产地：中国南海
规格（mm）：77

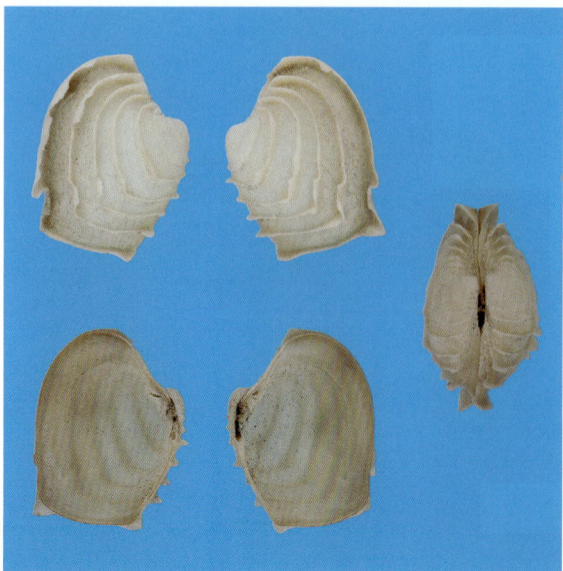

Callanaitis hiraseana（T. Kuroda, 1930）

中文异名：平濑帘蛤
同物异名：*Bassina hiraseana*
产地：中国东海
规格（mm）：16

荣光仙女蛤
Callista eucymata（W. H. Dall，1890）

中文异名: 荣光长文蛤
同物异名: *Callpita eucymata*
产地: 美国
规格（mm）: 13

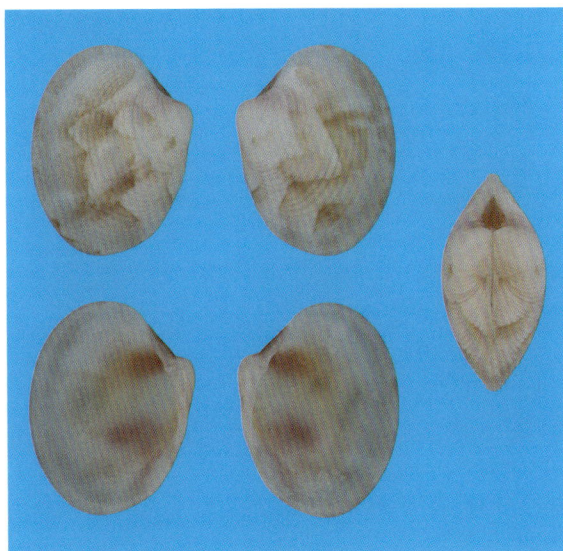

四射缀锦蛤
Callista grata（G. P. Deshayes，1853）

中文异名: 花斑长文蛤
产地: 中国福建
规格（mm）: 77

美心蛤
Callocardia guttata A. Adams，1864

中文异名: 滴水帘蛤，丝娜帘蛤
同物异名: *Callocardia thorae*
产地: 中国东海
规格（mm）: 20

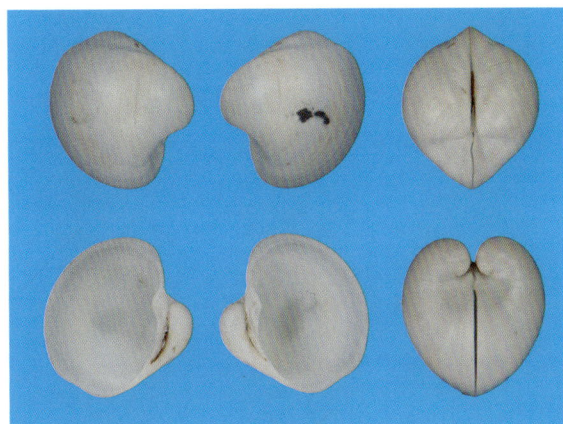

Circe quoyi (S. C. T. Hanley, 1846)

产地：中国南海

规格（mm）：40

Circe scripta (Linnaeus，1758)

产地：中国广西

规格（mm）：26

华丽美女蛤

Circe tumefacta G. B. Sowerby Ⅱ，1851

产地：中国南海

规格（mm）：51

条纹卵蛤

Costellipitar chordatus（E. Römer，1867）

同物异名：*Pitar chordatum*
产地：菲律宾
规格（mm）：15

青蛤

Cyclina flavidula G. P. Deshayes，1853

中文异名：黄青蛤
同物异名：*Cyclina flavida*
产地：中国浙江宁波
规格（mm）：12
备注：有学者不区分黄青蛤（*Cyclina flavidula*）与青蛤（*Cyclina sinensis*）。

Cyclinella subquadrata（S. C. T. Hanley 1845）

中文异名：钱袋帘蛤
同物异名：*Arthemis saccata*，*Cyclinella saccata*
产地：巴拿马
规格（mm）：32

角镜蛤
Dosinia angulosa（R. A. Philippi，1847）

中文异名: 高镜蛤
产地: 中国浙江舟山
规格（mm）: 38
备注: 仅采到左壳。

刺镜蛤
Dosinia aspera（L. A. Reeve，1850）

产地: 中国广西钦州
规格（mm）: 16

双月镜蛤
Dosinia bilunulata J. E. Gray，1838

中文异名: 双月镜文蛤
产地: 中国台湾
规格（mm）: 34

丝纹镜蛤
Dosinia caerulea (L. A. Reeve, 1850)

中文异名: 蓝顶镜文蛤
产地: 中国广西钦州
规格 (mm): 26

突角镜蛤
Dosinia cumingii (C. A. Reeve, 1850)

产地: 中国浙江温州南麂岛
规格 (mm): 38
备注: 仅采到左壳。

奋镜蛤
Dosinia exasperata (R. A. Philippi, 1847)

产地: 中国广西
规格 (mm): 22

铗镜蛤
Dosinia fibula (L. A. Reeve, 1850)

产地: 新西兰
规格（mm）: 34

帆镜蛤
Dosinia histrio (J. F. Gmelin, 1791)

产地: 中国南海
规格（mm）: 33

Dosinia iwakawai Oyama & Habe, 1961

中文异名: 伊娃帘蛤
产地: 菲律宾
规格（mm）: 19

圆镜蛤
Dosinia lenticularis (G. B. Sowerby Ⅱ, 1852)

中文异名: 圆帘蛤
产地: 菲律宾
规格 (mm): 21

刻纹镜蛤
Dosinia sculpta (S. C. T. Hanley, 1845)

中文异名: 刻纹镜文蛤
产地: 澳大利亚
规格 (mm): 43

射带镜蛤
Dosinia troscheli C. E. Lischke, 1873

产地: 新西兰
规格 (mm): 49

Eurhomalea exalbida（"Chemnitz" Dillwyn, 1795）

中文异名: 南美帘蛤
产地: 智利
规格（mm）: 46

Ezocallista brevisiphonata（P. P. Carpenter, 1864）

产地: 中国福建厦门
规格（mm）: 82

不等加夫蛤
Gafrarium aequivocum（H. S. Holten, 1802）

中文异名: 不等帘蛤
产地: 菲律宾
规格（mm）: 42

岐脊加夫蛤
Gafrarium divaricatum（"Chemnitz" Gmelin, 1791）

产地: 日本
规格（mm）: 30

凸加夫蛤
Gafrarium tumidum P. F. Röding, 1798

中文异名: 厚壳纵帘蛤
产地: 菲律宾
规格（mm）: 37

心型球帘蛤
Globivenus embrithes（Melvill & Standen, 1899）

中文异名: 心型帘蛤
产地: 菲律宾
规格（mm）: 34

盖伊球帘蛤
Globivenus snellii（E. Fischer–Piette，1975）

中文异名: 盖伊帘蛤
同物异名: *Clausinella gayi*
产地: 智利
规格（mm）: 33

皱浅蛤
Gomphina undulosa（Lamarck，1818）

中文异名: 皱文蛤
产地: 澳大利亚
规格（mm）: 34

强片翘鳞蛤
Irus irus（Linnaeus，1758）

中文异名: 大叶翘鳞蛤
同物异名: *Irus macrophylla*
产地: 中国浙江温州南麂岛
规格（mm）: 25
备注: 仅采到右壳。

温和翘鳞蛤
Irus mitis（G. P. Deshayes，1854）

中文异名: 翘鳞蛤
产地: 中国浙江温州南麂岛
规格（mm）: 13

Leukoma crassicosta（G. P. Deshayes，1835）

产地: 新西兰
规格（mm）: 27
备注: 仅采到空壳。

锥纹光壳蛤
Lioconcha fastigiata（G. B. Sowerby II，1851）

中文异名: 秀美文蛤
产地: 中国海南
规格（mm）: 28

光壳蛤

Lioconcha lorenziana（L. W. Dillwyn，1817）

中文异名: 雾花帘蛤
产地: 菲律宾
规格（mm）: 39

Lioconcha tigrina（Lamarck，1818）

中文异名: 豹帘蛤
产地: 菲律宾
规格（mm）: 31

Lirophora paphia（Linnaeus，1767）

中文异名: 花肋鬼帘蛤
异名: *Chione paphia*
产地: 巴拿马
规格（mm）: 29

Marcia cordata（Forsskål in Niebuhr，1775）

产地: 中国南海
规格（mm）: 39

裂纹格特蛤
Marcia hiantina（Lamarck，1818）

中文异名: 裂纹女神蛤
产地: 中国南海
规格（mm）: 36

裂纹格特蛤
Marcia hiantina（Lamarck，1818）

中文异名: 裂纹女神蛤
产地: 中国广西
规格（mm）: 39

日本格特蛤
Marcia japonica（J. F. Gmelin, 1791）

产地：菲律宾
规格（mm）：53

薪蛤
Mercenaria mercenaria（Linnaeus, 1758）

产地：中国福建厦门
规格（mm）：49
备注：原产地美国，养殖种类。

Meretrix aurora J. Hornell, 1917

产地：中国南海
规格（mm）：33

紫文蛤
Meretrix casta（"Chemnitz" Gmelin，1791）

产地: 中国广西南宁

规格（mm）: 39

文蛤
Meretrix meretrix（Linnaeus，1758）

中文异名: 台湾文蛤

产地: 中国台湾

规格（mm）: 62

小文蛤
Meretrix planisulcata（G. B. Sowerby Ⅱ，1854）

产地: 中国海南三亚

规格（mm）: 24

小文蛤
Meretrix planisulcata（G. B. Sowerby Ⅱ，1854）

产地：中国广西南宁

规格（mm）：34

和蔼巴非蛤
Paphia amabilis（R. A. Philippi，1847）

产地：中国浙江温州南麂岛

规格（mm）：32

备注：仅采到左壳。

Paphia declivis（G. B. Sowerby Ⅱ，1852）

中文异名：褐波纹巴菲蛤

产地：菲律宾

规格（mm）：63

真曲巴非蛤
Paphia euglypta（R. A. Philippi，1847）

产地：中国南海
规格（mm）：34

真曲巴非蛤
Paphia euglypta（R. A. Philippi，1847）

产地：中国浙江温州南麂岛
规格（mm）：59

靓巴非蛤
Paphia schnelliana（W. R. Dunker 1865）

产地：中国南海
规格（mm）：56

织锦巴非蛤
Paphia textile（J. F. Gmelin, 1791）

产地：印度尼西亚
规格（mm）：52
备注：仅采到右壳。

织锦巴非蛤
Paphia textile（J. F. Gmelin, 1791）

同物异名：*Paratapes textilis*
产地：中国台湾
规格（mm）：65

波纹巴非蛤
Paphia undulata（I. von Born, 1778）

产地：中国南海
规格（mm）：44

竹篮皱纹蛤
Periglypta clathrata（G. P. Deshayes，1853）

中文异名: 竹篮帘蛤
产地: 澳大利亚
规格（mm）: 63

Periglypta corbis（Lamarck，1818）

中文异名: 圆皱帘蛤
产地: 菲律宾
规格（mm）: 73

Placamen chloroticum（R. A. Philippi，1849）

产地: 中国南海
规格（mm）: 27

头巾雪蛤
Placamen foliaceum（R. A. Philippi, 1846）

同物异名: *Clausinella foliacea*
产地: 日本
规格（mm）: 21

伊萨伯雪蛤
Placamen isabellina（R. A. Philippi, 1849）

同物异名: *Clausinella isabellina*
产地: 中国浙江温州南麂岛
规格（mm）: 20

Placamen lamellatum（P. F. Röding, 1798）

中文异名: 多叶帘蛤
产地: 菲律宾
规格（mm）: 22

Placamen lamellatum（P. F. Röding，1798）

中文异名: 小蛋糕帘蛤
产地: 中国东海
规格（mm）: 14

Protapes swenneni M. Huber，2010

中文异名: 屈巴非蛤
同物异名: *Paphia sinuosa*
产地: 中国南海
规格（mm）: 55

真曲布目蛤
Protothaca euglypta（G. B. Sowerby Ⅲ，1914）

产地: 中国浙江舟山嵊泗
规格（mm）: 26

Samarangia quadrangularis（A. Adams & Reeve, 1850）

中文异名: 金刚砂帘蛤
产地: 菲律宾
规格（mm）: 61

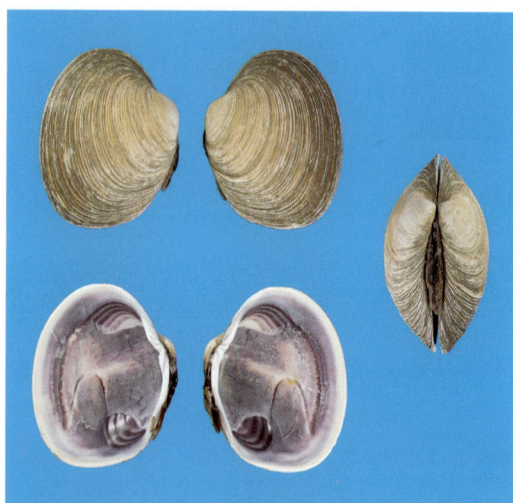

紫石房蛤
Saxidomus purpurata（G. B. Sowerby Ⅱ, 1852）

产地: 中国辽宁大连
规格（mm）: 62

巧环楔形蛤
Sunetta concinna W. R. Dunker, 1865

中文异名: 巧楔形蛤
同物异名: *Cyclosunetta concinna*
产地: 中国浙江温州南麂岛
规格（mm）: 15

汛潮环楔形蛤

Sunetta menstrualis（K. T. Menke, 1843）

同物异名: *Cyclosunetta menstrualis*
产地: 中国山东日照
规格（mm）: 34
备注: 仅采到左壳。

Tapes conspersus（J. F. Gmelin, 1791）

中文异名: 缩头缀锦蛤
产地: 中国南海
规格（mm）: 76

Timoclea costellifera（J. F. Gmelin, 1791）

中文异名: 纵毛帘蛤
产地: 菲律宾
规格（mm）: 24

Timoclea marica（Linnaeus，1758）

中文异名：女神帝汶蛤
产地：菲律宾
规格（mm）：20

Venerupis iridescens R. Tate，1889

中文异名：光泽帘蛤
产地：澳大利亚
规格（mm）：24

Venus cassinaeformis（M. Yokoyama，1926）

中文异名：重甲帘蛤
产地：中国东海
规格（mm）：30

住石蛤科
PETRICOLIDAE Deshayes，1819

　　壳中小型，壳形多变化，一般为圆形，壳质较坚硬；左右两壳相称，铰合部窄，左壳3枚主齿，右壳2枚主齿；外套窦发达。

　　全世界有7属50种，我国报道3种。

Petricola dactylus G. B. Sowerby Ⅰ，1823

中文异名: 巴达贡住石蛤
产地: 阿根廷
规格（mm）: 42

Petricolaria pholadiformis（Lamarck，1818）

中文异名: 羽毛住石蛤
产地: 比利时
规格（mm）: 52

绿螂科
GLAUCONOMIDAE Gray，1853

壳中小型，椭圆形，壳质薄、较脆；左右两壳相称，后端稍开口；壳表面被有黄色或黄绿色壳皮，有不规则的同心纹；铰合部窄，3枚主齿，通常后主齿分叉，无侧齿；外套窦明显。

常生活在有淡水注入的泥沙质浅海。全世界有1属11种，我国已报道3种。

角绿螂
Glauconome angulata L. A. Reeve, 1844

产地：中国南海
规格（mm）：19

角绿螂
Glauconome angulata L. A. Reeve, 1844

产地：中国浙江温州
规格（mm）：21

皱纹绿螂
Glauconome corrugata L. A. Reeve, 1844

产地：越南下龙
规格（mm）：24

薄壳绿螂

Glauconome primeana Crosse et Debeaux，1863

产地：中国江苏

规格（mm）：39

Glauconome straminea L. A. Reeve，1844

中文异名：皱纹绿螂

产地：中国浙江温州洞头

规格（mm）：18

Glauconome virens（Linnaeus，1767）

产地：菲律宾

规格（mm）：60

欠齿蛤科（大斧蛤科）
HEMIDONACIDAE Scarlato & Starobogatov，1971

壳中小型，近三角形，壳质坚硬、厚实；放射肋明显。
已报道 1 属 6 种。

Hemidonax donaciformis（J. G. Bruguière，1789）

中文异名: 斧形蛤
产地: 菲律宾
规格（mm）: 30

蹄蛤科
UNGULINIDAE Gray，1854（H.et A. Adams，1857）

　　壳小型，近三角形到长圆形，壳质较薄、脆；左右两壳相称；壳表面平，或具细的同心纹；铰合部 2 枚主齿，其中 1 枚分叉，侧齿发育不全或完全消失；后闭壳肌痕大，长形，无外套窦。

　　常见于沙质或砂砾质浅海。全世界有 16 属 100 余种，我国已报道 13 种。

津知圆蛤
Cycladicama tsuchii Yamamoto et Habe，1961

产地：中国浙江温州乐清

规格（mm）：11

习见圆蛤
Cycladicama ethima（Melvill et Standen，1899）

产地：中国浙江宁波象山

规格（mm）：10

Divaricella quadrisulcata（A. D. d'Orbigny，1842）

中文异名：锉纹蹄蛤

产地：美国

规格（mm）：18

小猫眼蛤
Felaniella usta（A. A. Gould, 1861）

中文异名: 灰双齿蛤
产地: 中国浙江宁波渔山
规格（mm）: 13

Felaniella vilardeboaena（A. D. d'Orbigny, 1842）

中文异名: 清晰蹄蛤
异名: *Diplodonta vilardeboaena*
产地: 洪都拉斯
规格（mm）: 20

古明志圆蛤
Joannisiella cumingii（S. C. T. Hanley, 1846）

同物异名: *Cycladicama cumingii*
产地: 中国浙江宁波鄞县横码
规格（mm）: 15

海螂科
MYIDAE Lamarck，1809

　　壳小型至大型，壳质较薄，前端圆，后端多呈截状，左右两壳不能完全闭合；壳表面一般有壳皮，具同心生长纹或伴生有放射纹；铰合部无齿，内韧带大，附着在左壳的着带板上；前闭壳肌痕细长，后闭壳肌痕圆形，外套窦发达。

　　生活在潮间带至浅海的泥质海底。全世界有 7 属 40 余种，我国已报道 8 种。

Mya arenaria oonogai J. Makiyama，1935

中文异名: 奥嘎海螂
产地: 中国山东烟台
规格（mm）: 78
备注: 有学者认为是砂海螂（*Mya arenaria*）的 1 个亚种。

篮蛤科（抱蛤科）
CORBULIDAE Lamarck，1818

　　壳小型，前端圆，后端有棱角或喙状突，壳质坚硬，左右两壳不相称，通常左壳小，右壳大；壳表面被有皱曲的外皮；铰合部左壳有 1 条前主齿沟和 1 枚后主齿，两者之间为韧带突；右壳具 2 枚主齿，2 枚主齿之间为韧带槽；闭壳肌痕清楚，外套痕距离腹缘远，外套窦浅。

　　海产或生活于半咸水河口地区，潮间带至浅海泥沙质海底。全世界有 6 属 80 余种，我国已报道 18 种。

厚异篮蛤
Anisocorbula crassa（R. B. Hinds, 1843）

中文异名: 厚壳抱蛤
产地: 中国东海
规格（mm）: 5.2

美洲篮蛤
Corbula nasuta G. B. Sowerby Ⅰ, 1833

中文异名: 美洲抱蛤
产地: 巴拿马
规格（mm）: 21

Corbula ovalina Lamarck，1818

中文异名: 卵圆抱蛤
产地: 中国台湾
规格（mm）: 14

巴达贡篮蛤
Corbula patagonica A. D. d'Orbigny，1845

中文异名: 巴达贡抱蛤
产地: 巴西
规格（mm）: 17

彩色篮蛤
Corbula speciosa L. A. Reeve，1843

中文异名: 彩色抱蛤
产地: 巴拿马
规格（mm）: 18

黑龙江篮蛤
Potamocorbula amurensis（L. I. Schrenck，1867）

中文异名: 阿莫抱蛤
产地: 中国山东
规格（mm）: 23

黑龙江篮蛤
Potamocorbula amurensis（L. I. Schrenck，1867）

中文异名: 阿莫抱蛤
产地: 中国浙江宁波
规格（mm）: 31

光滑河篮蛤
Potamocorbula laevis（R. B. Hinds，1843）

中文异名: 光滑篮蛤
产地: 中国浙江宁波
规格（mm）: 13

红齿硬篮蛤

Solidicorbula erythrodon（Lamarck，1818）

同物异名：*Corbula*（*Solidicorbula*）
erythrodon
产地：中国浙江温州南麂岛
规格（mm）：22

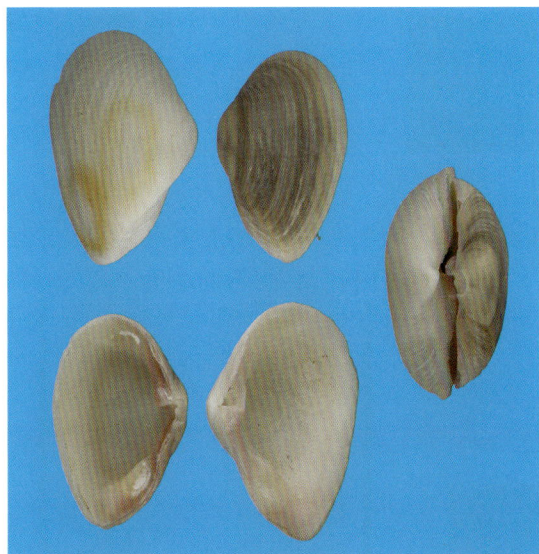

衣硬篮蛤

Solidicorbula tunicata L. A. Reeve，1843

中文异名：硬衣抱蛤
同物异名：*Corbula tunicata*
产地：中国广西北海
规格（mm）：24

南美艾罗贝

Erodona mactroides "Daudin" Bosc，1801

产地：阿根廷
规格（mm）：28
备注：原属艾罗贝亚科（Erodoninae），有
学者将其提升为艾罗贝科（Erodonidae）。

缝栖蛤科（潜泥蛤科）
HIATELLIDAE Gray，1824

　　壳中大型，近方形，质薄脆；壳顶位于中央，前、后端开口；壳表面光滑，有同心刻饰；壳内面白色，铰合部弱，1~2 枚不发达的主齿；外韧带位于齿丘上；外套窦发达。

　　营穴居或附着生活。全世界有 5 属 25 种，我国已报道 3 种。

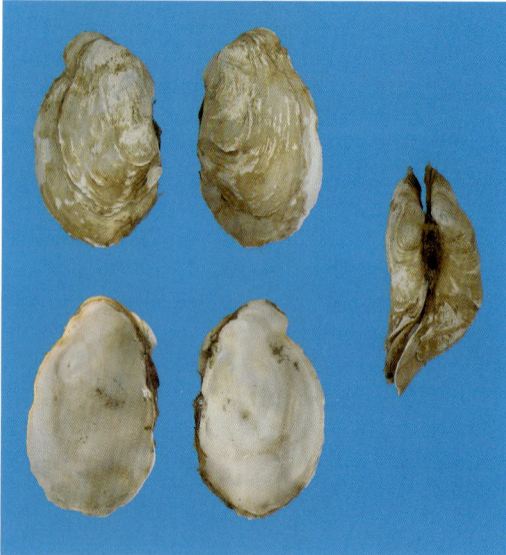

Hiatella arctica（Linnaeus，1767）

产地：中国浙江宁波

规格（mm）：29

褐色缝栖蛤
Hiatella flaccida A. A. Gould, 1861

中文异名：褐色潜泥蛤

产地：中国东海

规格（mm）：38

东方缝栖蛤

Hiatella orientalis（M. Yokoyama，1920）

同物异名：*Saxicava orientalis*
产地：中国浙江
规格（mm）：11

Panopea japonica A. Adams，1850

中文异名：日本海神蛤
产地：中国辽宁大连
规格（mm）：113

海笋科（鸥蛤科）
PHOLADIDAE Lamarck，1809

壳中型，长方圆形，质脆、薄；壳顶近前端，壳顶前方背部贝壳的边缘向外卷，成为前闭壳肌及原板的附着面；前、后端多少开口；外表面具壳皮；壳顶内窝有一壳内柱，为内韧带提供支撑；外套窦深。

营穴居生活，可在木材、石灰岩、贝壳等硬基底上营造洞穴。

分布于世界各海区，以暖海区种类为多。全世界有 19 属 120 余种，我国已报道 21 种。

大沽全海笋
Barnea davidi（G. P. Deshayes，1874）

产地: 中国浙江宁波奉化
规格（mm）: 89

马特海笋
Martesia striata（Linnaeus，1758）

中文异名: 细纹鸥蛤
产地: 中国东海南部
规格（mm）: 16

波纹沟海笋
Penitella gabbii（G. W. Tryon, 1863）

中文异名: 小鸥蛤
同物异名: *Zirfaea subconstricta*
产地: 中国东海
规格（mm）: 12

东方海笋
Pholas orientalis J. F. Gmelin, 1791

同物异名: *Barnea manilensis*
产地: 中国南海
规格（mm）: 116

东海木海笋
Xylophaga supplicata（Taki & Habe, 1950）

产地: 中国东海
规格（mm）: 9.2
备注: 原属海笋科凿木蛤亚科（Xylophagainae），
有学者将其提升为科（Xylophagaidae）。

第六篇

异韧带亚纲

ANOMALODESMATA Dall，1889

里昂司蛤科（波浪蛤科）
LYONSIIDAE Fischer，1815

壳中小型，近圆形，壳质稍厚，脆，左右两壳不相称；壳顶位于背部中央之前；后端截形，稍开口；壳表面有放射线，其上常附有细小沙粒；壳内面有珍珠光泽，铰合部弱，无铰合齿。

全世界有 3 属 30 种，我国报道 24 种。

舟形长带蛤
Entodesma navicula（Adams & Reeve，1850）

同物异名：*Agriodesma navicula*
产地：中国辽宁大连
规格（mm）：62

色雷西蛤科
THRACIIDAE Stoliczka，1870

　　壳中小型，呈长方形或卵形，壳质薄、脆；左、右两壳稍不相称；壳顶通常后倾，壳皮薄，常有粒状突起；壳内面无珍珠层，铰合部弱，铰合齿退化，常有游离的石灰质片，或具隔片；外套窦浅。

　　全球性分布，海产，营底内生活。全世界有 12 属 90 种，我国报道 7 种。

Thracia papyracea（G. S. Poli，1791）

中文异名: 扒皮色雷西蛤

产地: 丹麦

规格（mm）: 24

Thracia phaseolina（Lamarck，1818）

中文异名: 菲舍色雷西蛤

产地: 西班牙

规格（mm）: 28

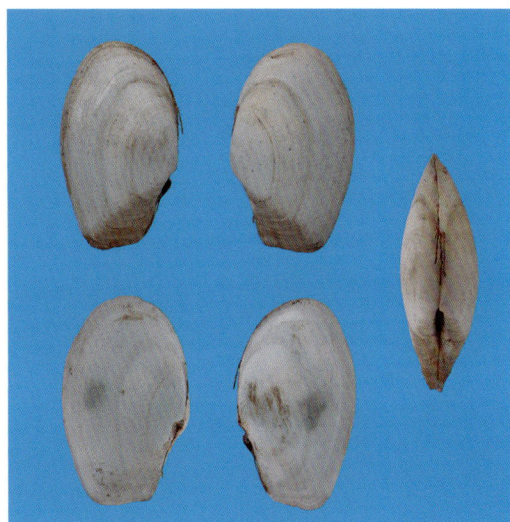

金星蝶铰蛤
Trigonothracia jinxingae F. S. Xu, 1980

产地：中国浙江舟山岱山

规格（mm）：16

鸭嘴蛤科（薄壳蛤科）
LATERNULIDAE Hedley，1918

　　壳中小型，外形如鸭嘴，壳质薄、脆，半透明，具有光泽；左右两壳壳顶紧密相接，各具纵裂 1 条；壳表面有同心生长纹和粒状突起，无放射肋；铰合部弱，无铰合齿，但有从壳顶斜行向后的薄片隔板；韧带槽呈匙状，韧带介于其中。

　　生活于浅海，营底内生活。全世界有 2 属 20 余种，我国已报道 5 种。

Laternula liautaudi（H. Mittre，1844）

中文异名: 连氏鸭嘴蛤
产地: 菲律宾
规格（mm）: 33

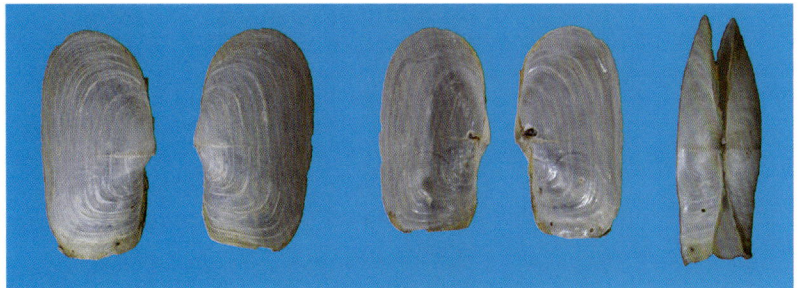

Laternula truncata（Lamarck，1816）

中文异名: 截形鸭嘴蛤
产地: 菲律宾
规格（mm）: 41

旋心蛤科（银沙蛤科、圈心蛤科）
VERTICORDIIDAE Stoliczka，1870

　　壳中小型，圆形，壳质脆薄到厚实，左右两壳相称，较膨凸；壳顶有时向内卷曲，若有小月面则深陷；壳表面平，或具颗粒，或具棘，有时有放射肋；壳内面具薄的珍珠层；铰合部不发达，1 或 2 枚锥状齿；外套窦小，或不明显。

　　营深海软泥底内生活。全世界有 11 属 90 余种，我国已报道 6 种。

蓑衣蛤
Euciroa rostrata（Thiele & Jaeckel，1931）

中文异名: 鸟嘴银沙蛤
产地: 中国东海
规格（mm）: 49

孔螂科（波罗蛤科）
POROMYIDAE Dall，1886

　　壳小型，前部圆形，后部近截形，微开口，左右两壳较膨胀；壳质薄，具光泽；壳内面具珍珠光泽，铰合部简单。

　　营深水区底内生活。全世界有 5 属 70 余种，我国已报道 6 种。

Cetomya intermedia（T. Habe，1952）

中文异名: 普通孔螂
产地: 中国浙江
规格（mm）: 12

杓蛤科
CUSPIDARIIDAE Dall，1886

　　壳中小型，壳前端圆，后部延伸成喙状，左右两壳相称或微不相称；壳顶位于背部中央，壳表面平，或具颗粒状突起和放射肋，具同心生长纹；壳内面无珍珠光泽，铰合部无齿，或具侧齿；无外套窦。

　　分布于各大洋，多见于深水区。全世界有 2 亚科 18 属 300 余种，我国已报道 25 种。

半纹帚形蛤
Cardiomya fortisculpta（T. Kuroda，1948）

中文异名: 半纹杓蛤
产地: 中国浙江
规格（mm）: 15

Cuspidaria chunfui T. C. Lan，2000

中文异名: 春福杓蛤
产地: 中国东海
规格（mm）: 15

长柄杓蛤
Cuspidaria hirasei T. Kuroda，1948

中文异名: 平濑杓蛤
产地: 中国东海
规格（mm）: 28

日本杓蛤
Cuspidaria japonica T. Kuroda, 1948

产地: 中国东海
规格(mm): 26

宽体杓蛤
Cuspidaria macrorhynchus E. A. Smith, 1895

产地: 中国东海
规格(mm): 27

华贵杓蛤
Cuspidaria nobilis (A. Adams, 1864)

中文异名: 高贵杓蛤
产地: 中国东海
规格(mm): 41

Cuspidaria nobilis consimilis T. Habe, 1961

中文异名: 重头杓蛤

产地: 中国东海

规格（mm）: 40

高贵杓蛤
Cuspidaria nobilis nobilis A. Adams, 1864

产地: 中国东海

规格（mm）: 42

三角拟杓蛤
Pseudoneaera semipellucida（T. Kuroda, 1948）

产地: 中国东海

规格（mm）: 10

主要参考资料

蔡如星，黄惟灏．浙江动物志软体动物 [M]．杭州：浙江科学技术出版社，1989.

蔡英亚，张英，魏若飞．贝类学概论 [M]．上海：上海科学技术出版社，1979.

陈志云．常见海贝野外识别手册 [M]．重庆：重庆大学出版社，2022.

何径．贝壳采集鉴定收藏指南 [M]．Gemany: ConchBook, 2010.

何径．贝壳家谱 [M]．Gemany: ConchBook, 2018.

黄宗国，林茂．中国海洋生物图集 [M]．北京：海洋出版社，2012.

黄宗国．中国海洋生物种类与分布 [M]．北京：海洋出版社，1994.

赖景阳．台湾贝类图鉴 [M]．台北：猫头鹰出版社，2005.

刘毅，钟丹丹，郭翔．东南潮间带生物图鉴 [M]．福州：海峡书局，2023.

齐钟彦．中国经济软体动物 [M]．北京：中国农业出版社，1998.

王海燕，马培振，张振，等．贝壳博物馆 [M]．北京：北京出版社，2023.

王如才．中国水生贝类原色图鉴 [M]．杭州：浙江科学技术出版社，1988.

王一农，张永靖．浙江海滨生物 200 种 [M]．杭州：浙江科学技术出版社，2007.

王祯瑞．中国动物志：软体动物门双壳纲（贻贝目）[M]．北京：科学出版社，1997.

王祯瑞．中国动物志：软体动物门双壳纲（珍珠贝亚目）[M]．北京：科学出版社，2002.

徐凤山．中国海双壳类软体动物 [M]．北京：科学出版社，1997.

徐凤山．中国动物志：软体动物门双壳纲（满月蛤总科、心蛤总科、厚壳蛤总科、鸟蛤总科）
　　[M]．北京：科学出版社，2012.

徐凤山．中国动物志：软体动物门双壳纲（原鳃亚纲、异韧带亚纲）[M]．北京：科学出版社，
　　1999.

徐凤山，张均龙．中国动物志：软体动物门双壳纲（樱蛤科、双带蛤科）[M]．北京：科学出
　　版社，2018.

徐凤山，张素萍．中国海产双壳类图志 [M]．北京：科学出版社，2008.

张素萍．中国海洋贝类图鉴 [M]．北京：海洋出版社，2008.

张素萍，张均龙，陈志云，等．黄渤海软体动物图志 [M]．北京：科学出版社，2016.

张玺，齐钟彦．贝类学纲要 [M]．北京：科学出版社，1961.

张永普，周化斌，尤仲杰．浙江洞头海产贝类图志 [M]．北京：海洋出版社，2012.

赵汝翼，程济民，赵大东．大连海产软体动物志 [M]．北京：海洋出版社，1982.

庄启谦．中国动物志：软体动物门双壳纲（帘蛤科）[M]．北京：科学出版社，2001.

Robin A. Encyclopedia of marine bivalves[M]. Gemany: ConchBook, 2010.

Raines B K, Poppe G T. A conchological iconography (the Pectinidae) [M]. Gemany: ConchBook,
　　2006.

Huber M. Compendium of Bivalves[M]. Gemany: ConchBook, 2010.

Huber M. Compendium of Bivalves 2 [M]. Gemany: ConchBook, 2015.

Qi Zhongyan. Seashells of China [M]. 北京：海洋出版社, 2004.

Abbott R T, Dance S P. Compendium of seashells[M]. USA: Odyssey Publishing, 2000.

Abbott R T, Boss K J. A classification of the living mollusca[M]. USA: American Malacologists, Inc. , 1989.

Dance S P. The colletor's encyclopedia of shells[M]. Great Britian：McGraw-Hill Book Company, 1976.

中文名索引

拉丁名索引

D

Y

Z